I0493031

FRIEDRICH RITSCHL.

EINE

WISSENSCHAFTLICHE BIOGRAPHIE

VON

(Eduard Friedrich Hermann)

LUCIAN MUELLER.

BERLIN 1877.

VERLAG VON S. CALVARY & CO.

NW. FRIEDRICHS-STR. 101.

II, 441

Class 338.4.5

1878, Dec. 2

Sever fund.

Vorwort.

Die vorliegende Schrift ist das Werk weniger Tage. Doch wird man leicht erkennen, dass sie nichts gemein hat mit den Nekrologen, welche, einem alten, lobenswerthen Gebrauch gemäss, nach dem Ableben berühmter Gelehrten in der Tagespresse oder in fachwissenschaftlichen Zeitschriften zu erscheinen pflegen. Vielmehr ist sie das Werk langjährigen Nachdenkens und ziemlich reicher Erfahrung im Gebiete der klassischen Philologie, sowohl was den wissenschaftlichen Ausbau dieser Disciplin betrifft, als hinsichtlich ihrer Fortpflanzung durch mündlichen Vortrag. Der Tod Ritschl's bot lediglich den äusseren Anlass zur Publication meiner Arbeit; übrigens hätte dieselbe beinah ohne Veränderung auch bei seinen Lebzeiten erscheinen können.

Bei der Abfassung waren für mich massgebend die Grundsätze, die ich in der „Geschichte der klassischen Philologie in den Niederlanden" entwickelt und praktisch bethätigt habe. Denn ich bin überzeugt, dass nur auf solchem Wege die philologische Biographie auf eine für die Wissenschaft erspriessliche Weise cultivirt werden kann,

während sie sonst stets der Gefahr ausgesetzt ist, entweder
ein Conglomerat panegyrischer Phrasen zu werden, oder
aufzugehen in einem kleinlichen, ja mesquinen Zusammen-
stoppeln mehr oder weniger pikanter oder langweiliger
Geschichtchen, in beiden Fällen arm an wissenschaftlichem
Werth, noch ärmer an selbständigen Gedanken, und am
ärmsten an neuen Gesichtspunkten.

Der Schwierigkeiten aber, die Leistungen eines her-
vorragenden Gelehrten in preiswürdiger Weise zu beschreiben, sind so viele, dass jeder sich zehnmal bedenken
sollte, ehe er ein solches Unternehmen wagt, und auch
wer sich das Beste zutraut allen Grund hat, die Nachsicht
des Publikums zu erbitten.

Die unerlässlichen Bedingungen zu einer wissenschaftlichen Biographie sind nämlich folgende:

Zuerst unbedingte Wahrheitsliebe, die weder der Zuneigung noch der Abneigung zugänglich ist, und ihr noth-
wendiges Supplement, vollständige Freiheit das Wahre zu
sagen, ohne dass Furcht oder Hoffnung influiren.

Zweitens gründliches Studium und genaue Sachkenntniss.

Drittens ist erforderlich durchdringender Scharfsinn,
der das Wesentliche vom Unbedeutenden, das Nothwendige vom Zufälligen zu scheiden weiss, der es versteht, die
Leistungen eines Gelehrten zu würdigen sowohl in ihrem
absoluten Werthe, als in ihrem relativen, d. h. in ihrem
Verhältniss zu Vorgängern und Nachfolgern auf demselben
Gebiete der Wissenschaft. Ein solcher Scharfsinn ist, wie

sich von selbst ergibt, der abgesagte Feind jeder Phrase, die stets zuerst die Folge, bald auch die Ursache unklaren Denkens zu sein pflegt.

Allein dies Alles genügt noch nicht. Als viertes, nicht minder wichtiges Requisit tritt hinzu, dass man selbständig und erfolgreich gearbeitet habe in dem Gebiete, auf welchem sich der Mann, dessen Leben man beschreiben will, ganz oder doch hauptsächlich bewegt hat. Denn sowie das Auge nach den Worten des Dichters die Sonne nur deshalb zu erkennen vermag, weil es selbst sonnenhaft ist, so kann auch nur der einem berühmten Gelehrten gerecht werden, der selbst einen Funken wenigstens von jenes Geist hat. Andernfalls wird stets die Biographie der Gefahr unterliegen statt gemessener Kritik ein Product gedankenloser Bewunderung oder hämischen Neides dem Publikum zu bieten. Um die Sache an ein paar concreten Beispielen zu erläutern: man darf nicht über Bentley's kritische Arbeiten sprechen, wenn man selbst zeit seines Lebens ein Duodezkritiker gewesen ist; es hat kein Recht über Ritschl's metrische Leistungen zu urtheilen, wem die Gesetze der geläufigsten Metra des Alterthums stets ein Buch mit sieben Siegeln geblieben sind.

Wieweit nun dem Verfasser dieser Schrift die übrigen Qualitäten inne wohnen, die zu einer wissenschaftlichen Biographie gehören, möge der geneigte Leser selbst untersuchen. Was aber die Wahrheitsliebe und die Freiheit das Wahre zu sagen anlangt, so darf ich meine Arbeit getrost als Muster ihrer Gattung bezeichnen. Für jene bürgen meine früheren Werke, für diese meine Stellung, die es mir möglich macht, mit Lucilius zu sagen: Quid refert, dictis ignoscat Mucius annon, für beide mein Verhältniss zu Ritschl.

Ich stand lange Zeit mit Ritschl in freundschaftlichen Beziehungen und ziemlich lebhafter Correspondenz, und was wichtiger ist, ich war in vielen Punkten einverstanden mit ihm über die Principien und Grundlagen der gelehrten wie der pädagogischen Thätigkeit eines Professors der klassischen Philologie. Hingegen bin ich kein Schüler Ritschl's; ich verdanke ihm persönlich nichts, wissenschaftlich wenigstens nicht mehr als jeder andere Philologe; meine philologische Entwickelung ging von ganz anderen Principien aus als die seiner Schule, meine Methode differirt von der seinen mehrfach erheblich. Auch habe ich oft genug mit seinen Anhängern Streitigkeiten gehabt, und ihm selbst gegenüber, unbeschadet aller Hochachtung für seine Leistungen, mir stets die Freiheit des Urtheils gewahrt, ohne welche die wissenschaftliche Forschung keinen Werth hat.

So ist die vorliegende Biographie verfasst mit der Wärme, die grade diesem Felde historischer Thätigkeit besonders nothwendig, und doch mit jener Unabhängigkeit der Kritik, welche nie der Person die Sache opfert. Danach darf ich hoffen, dass sie ebenso von den Freunden Ritschl's als von den Gegnern mit Vergnügen und Theilnahme gelesen werden dürfte, abgesehen natürlich von einigen Ultras, mit denen wissenschaftlich zu debattiren überhaupt nicht der Mühe lohnt.

Zur Publikation dieser Schrift veranlasste mich zunächst der Wunsch, über gewisse Principien der Philologie und Pädagogik mich öffentlich auszusprechen, da es mir schien, als ob auf diesen Gebieten mehrfach falsche oder doch unklare Anschauungen obwalteten; ferner das Interesse für Ritschl.

Ritschl hatte viele Freunde und Bewunderer, aber auch viele Feinde und Neider: wie leicht kann seine Biographie in die Hände eines Extremen der einen oder der andern Partei gerathen, und so mit allen Fehlern ausgestattet werden, die wie ich oben dargelegt habe diesem Zweige der Historiographie ohne methodische Kritik anhaften. Zumal der übermässige Eifer von Freunden hat, wie bekannt, schon bei Lebzeiten Ritschl zuweilen mehr geschadet als alle Feinde. Wohin dergleichen Extravaganzen führen, zeigt grade jetzt wieder an einem deutlichen Beispiel ein Buch, welches unter dem eines Cicero würdigen Titel: C. Lucilii saturarum. Carolus Lachmannus emendavit vor kurzem erschienen ist. Jeder, der Pietät für Lachmann's Andenken hat, wird diese Publikation aufrichtig bedauern, da sie lediglich bestätigt, wie richtig der verstorbene M. Haupt geurtheilt, der zu dem Verfasser dieser Schrift einmal sagte (übrigens Andern Aehnliches, und keineswegs blos privatim), er gebe nur deshalb Lachmann's Nach-

lass zu Lucilius nicht heraus, weil er (ich gebrauche
M. Haupt's eigene Worte) des grossen Todten nicht würdig
sei. Ich schliesse mich diesem Bedauern vollständig an,
so sehr ich im Interesse meiner Ausgabe, die jetzt ein
ebenso unerhofftes als erwünschtes Relief erhalten hat,
alle Ursache habe mit dem Missgriff der Herren Mommsen
und Vahlen zufiieden zu sein.

So übergebe ich denn meine Arbeit vertrauensvoll dem
lector eruditus et benevolus, wie es zu Anfang der Folianten
niederländischer Philologen aus der Schule Burmann's zu
heissen pflegt. Ist diese Biographie vielleicht Ritschl's
nicht ganz würdig (wer aber könnte einem solchen Manne
vollkommen gerecht werden so kurz nach seinem Tode
und auf so wenigen Blättern?) so wird sie wenigstens, ich
hoffe dies zuversichtlich, Ritschl's nicht ganz unwürdig
sein; und damit ist unter den gegenwärtigen Verhältnissen
schon viel gewonnen.

Die Schrift ist bereits in russischer Sprache erschienen
in dem officiellen Journal des hiesigen Ministeriums der
Volksaufklärung. Abgesehen von dem Vorworte, das
neu hinzugekommen, und einzelnen Einschaltungen unter-
scheidet sich die deutsche Bearbeitung nicht wesentlich
von der russischen.

St. Petersburg, 1. März 1877.   L. M.

Friedrich Ritschl*) (oder wie er sich in früheren Jahren bisweilen schrieb „Ritschel", lateinisch immer „Ritschelius") wurde geboren am 6. April des Jahres 1806 in einem Oertchen Thüringens, wo sein Vater damals Prediger war. Es ist oft, u. a. von Herrn Freytag in seinen Bildern aus der deutschen Vergangenheit darauf hingewiesen worden, dass gerade aus den ländlichen Pfarrhäusern des protestantischen Deutschlands eine Menge der bedeutendsten Intelligenzen hervorgegangen. — Auch verdient Erwähnung, dass aus Thüringen und Sachsen, besonders seit dem Aufschwung der Philologie in Deutschland durch Friedrich August Wolf, eine namhafte Zahl ausgezeichneter Philologen gekommen ist, und zwar vornehmlich solche, die sich wie Ritschl der formalen Seite der Philologie, hauptsächlich der Exegese, Grammatik und Metrik gewidmet haben. Es genügt an diesem Orte die Namen Gottfried Hermann's und Karl Reisig's zu nennen.

Ritschl empfing seine Vorbildung auf dem Gymnasium zu Erfurt. Dort entfaltete damals eine höchst erspriessliche Thätigkeit der bekannte Philologe Franz Spitzner, ein Zögling der berühmten Anstalt Schulpforta, ein Mann,

---

*) Die zuverlässigsten, von ihm selbst controlirten Angaben über Ritschl's äusseres Leben finden sich in dem Werk „Männer der Zeit" (Leipzig 1862) II, 340 und in der Leipziger Illustrirten Zeitung vom 21. Oktober 1865 (Nr. 1164).

der sich auch durch gelehrte Schriften einen Namen gemacht hat, besonders aber als Lehrer, wie ich von
manchem seiner Schüler, z. B. dem bekannten Ciceronianer
Moritz Seyffert, gehört habe, äusserst anregend wirkte.
Es ist nicht zu bezweifeln, dass grade Spitzner in Ritschl,
der ihm im Jahre 1824 nach Wittenberg auf das Gymnasium folgte, jenes Interesse für die classischen Autoren
erweckte, welches diesen zeitlebens beseelte. Als Beweis,
wie früh der Geschmack für lateinische Poesie in Ritschl
erwacht ist, kann dienen ein lateinisches Gedicht meiner
Bibliothek, in guten Distichen, das im Auftrage seiner Mit-
schüler Ritschl zur Begrüssung des neuen Subconrektors
des Wittenberger Gymnasiums zu Anfang des Jahres 1825
verfasst hat.

In demselben Jahre bezog Ritschl die Universität
Leipzig, wo damals Gottfried Hermann auf dem Höhe-
punkt seiner Wirksamkeit stand. Doch blieb Ritschl nur
ein Jahr in Leipzig, und es ist guter Grund zu vermuthen,
dass Hermann's Einfluss während dieser Zeit nicht besonders stark auf ihn gewirkt hat. Um so bedeutender
war die Einwirkung Reisig's auf der Universität Halle,
auf die Ritschl im Jahre 1826 übersiedelte. Reisig, der
zu früh, im Alter von 36 Jahren, verstorben ist, eine ganz
originelle Natur, muss es in hervorragender Weise ver-
standen haben, junge Männer an sich heranzuziehen, mit
Begeisterung für ihr Studium zu erfüllen, und sie mit
den Grundlagen methodischer Kritik bekannt zu machen.
Obwohl es ihm nur vergönnt war, wenige Jahre in Halle
zu wirken, nennen doch eine Menge tüchtiger Philologen
seinen Namen, als den ihres Lehrers, mit grosser Achtung,
darunter Männer wie Moritz Seyffert, Friedrich Haase und

Friedrich Ritschl. Dieser vor Allen hat Reisig stets das liebevollste Gedächtniss bewahrt.

Im Jahre 1829, in welchem Reisig starb, wurde Ritschl Privatdocent in Halle, und fand schon in dieser bescheidenen Stellung Beifall bei der studirenden Jugend. Im Jahre 1832 wurde er Professor Extraordinarius in Halle, 1833 ward er mit gleichem Range nach Breslau berufen und im folgenden Jahre dort zum Ordinarius gemacht.

Beinahe wäre Ritschl einige Zeit vorher unser Landsmann geworden. Wenigstens erinnere ich mich von ihm gehört zu haben, dass er als Privatdocent in Halle eine Berufung nach Wilna erhielt; doch entsinne ich mich nicht deutlich, aus welchen Gründen er sie ablehnte.

Ritschl's Thätigkeit in Breslau ward während der Jahre 1836, 37 durch einen Aufenthalt in Italien unterbrochen, hauptsächlich im Interesse seiner schon damals begonnenen Plautinischen Studien. Im Jahre 1839 ward er an die Universität Bonn berufen, die kurz vorher Näke und Heinrich verloren hatte, und dieser hat er mehr als ein Vierteljahrhundert angehört.

Wenn Ritschl schon in Breslau eine verdienstliche pädagogische Thätigkeit entwickelt hatte, so war diese doch durch die Lage der Universität und andere Umstände gehemmt. Zu voller Blüthe entfaltete sie sich erst in Bonn, welcher im Jahre 1818 gegründeten Universität damals die preussische Regierung ihre besondere Sorgfalt zuwendete.

Im Jahre 1854 wurde Ritschl Chef der Universitätsbibliothek, die er reorganisirte. Auch ward er Direktor der beiden Museen, welches Amt er später mit O. Jahn theilte, der 1855 zur Ergänzung des schon alten Welckers nach Bonn berufen wurde. Ferner machte ihn der „Verein von Alterthumsfreunden im Rheinlande" 1863 zu seinem Präsidenten. Endlich war er auch Mitglied der wissenschaftlichen Prüfungscommission, welche nach dem in Preussen üblichen Modus die Candidaten des höheren Schulamts zu examiniren hat.

Als berühmter Gelehrter und anerkanntes Haupt einer zahlreichen, sich fortwährend mehrenden Schule, in einer eben so angenehmen als ehrenvollen Stellung, konnte Ritschl, der mehrfach an ihn ergangene Berufungen an andere Universitäten ablehnte, sich selbst und Andern beneidenswerth erscheinen. Doch bewährte sich auch an ihm das alte Sprichwort, dass man Niemand vor dem Tode glücklich preisen solle. Denn im Jahre 1865 nahm ebenderselbe in Folge langwieriger, ärgerlicher Differenzen mit seinem Collegen Jahn seine Entlassung aus dem preussischen Staatsdienste, und folgte einer Berufung an die Universität Leipzig, für die er schon bei Gottfried Hermann's Tod in Aussicht genommen war. Die Vorgänge bei jenen Differenzen zweier so namhafter Gelehrter sind damals viel besprochen worden, zumal da sie nicht blos unter den Bonner Professoren, sondern sogar unter der studirenden Jugend heftige Zerwürfnisse zur Folge hatten. Mir scheint es, dass keiner der beiden Männer ganz von Schuld frei zu sprechen ist; doch lässt sich nicht ohne Grund vermuthen, dass, wie es zuweilen in ähnlichem Falle geschieht, Freunde und Anhänger Ritschl's und Jahn's die hauptsächlichste Ursache waren, dass jener Streit einen so fatalen, von Jahn selbst vielleicht kaum gewünschten Ausgang nahm. Für Jahn war die Sache noch in soweit

besonders gehässig, als sich Ritschl für seine Berufung
nach Bonn sehr lebhaft interessirt hatte. Sicher steht,
wie auch die Feinde Ritschl's anerkannt haben, dass sein
Weggang ein unersetzlicher Verlust für die Universität
Bonn war, und dass das Studium der klassischen Philologie
daselbst einen Schlag erhielt, von dem es sich nie wieder
erholt hat, um so weniger, als Jahn seit 1865 zu kränkeln
anfing und einige Jahre später starb.

Ritschl's Thätigkeit war während seines Aufenthalts
in Bonn längere Zeit durch eine schwere Krankheit ernstlich bedroht gewesen; allein seine Gesundheit stärkte sich
wieder und zumal in Leipzig war sie bis zum Jahre 1875
im Ganzen recht günstig, so dass er an dem letzten Ort
seiner Wirksamkeit mit staunenswerther Frische fortarbeitete.
Nur ein eigenthümliches Fussleiden, welches selbst Gegenstand ärztlicher Dissertationen gewesen ist, verhinderte ihn
während der letzten Jahre an der freien Bewegung ausserhalb des Zimmers und machte ihm auch sonst zu schaffen.
Die Elasticität seines Geistes behielt er fast bis zur letzten
Stunde. Zeugniss dafür die nach seinem Tode im Rh. M.
publicirten „philologischen Unverständlichkeiten". Er starb
am 9. November des Jahres 1876.

Ritschl war von grosser Gestalt und angenehmem
Aeussern. Sein Gesicht verrieth den Denker und Gelehrten.

Seine Manieren waren elegant, und wenn er wollte,
war es ihm leicht Herzen zu gewinnen. Ohne dass man
ihn einen Epikureer hätte nennen können, war er ein
Freund heitern Lebensgenusses und angenehmer Gesellig-
keit, zumal in jüngeren Jahren. In religiösen Angelegen-
heiten stand er auf der linken Seite, seine politischen
Ansichten waren sehr gemässigt, vielleicht eher conservativ

als liberal zu nennen. Er hatte nicht das Steife, Ein-
seitige, welches man so oft bei deutschen Gelehrten findet,
verfolgte vielmehr die verschiedenen Bestrebungen unserer
vielbewegten Zeit in Staat, Religion und Gesellschaft mit
Interesse. Was seine nicht philologische Lectüre betrifft,
so zeigte er eine besondere Vorliebe für die französische
Literatur, deren Werke er oft in die Hand nahm, um sich
von den Mühen wissenschaftlicher Arbeiten zu erholen.

Unter den Tugenden seines Charakters verdient besonders Anerkennung seine materielle Uneigennützigkeit
sowie die treue, aufopfernde Zuneigung, die er seinen
Schülern stets bezeigte, obwohl ihm manche bittere Erfahrung menschlichen Undanks nicht erspart blieb. Auch
verdankten viele derselben ihm nicht bloss ihre wissenschaftliche Schulung, sondern ebenso ihre, zuweilen auf-
fallend rasche, Carrière. Möglich, sogar wahrscheinlich,
dass Ritschl, wie ihm die Gegner öfter vorwarfen, gelegentlich die Leistungen der Seinigen überschätzte; doch
ist nicht nöthig, solchen Irrungen egoistische, unedle
Motive zu supponiren. Vielmehr lässt es sich aus der
menschlichen Natur leicht erklären, dass zuweilen persön-
liche Anhänglichkeit und strenge Loyalität eines Schülers
den wechselvollen Geschicken des Lehrers gegenüber bei
diesem unbewusst auf die Beurtheilung der wissenschaftlichen Capacität des Betreffenden influirt hat. — Aber
auch für andere Gelehrte, die nicht in den Kreis
seiner Schule gehörten, zeigte er Interesse, und war gern
bereit, sie zu fördern, wenn sie sich nur nicht gerade in
die Reihe seiner erklärten und unversöhnlichen Wider-
sacher stellten. So unterhielt er auch mit den meisten
bedeutenden Philologen dieser Zeit, bis Krankheit ihn

hinderte, eine häufig sehr anregende, für die Wissenschaft erspriessliche Correspondenz.

Dass Ritschl ein hohes Gefühl seines Werthes hatte, wird nach dem, was von seinen Leistungen zu sagen ist, leicht begreiflich erscheinen. Wenn er zuweilen dasselbe mehr zur Schau trug als ihm dienlich und seinen Collegen angenehm war, so möge man zur Entschuldigung an die Worte des Tacitus denken, dass selbst bei Weisen die Begierde nach Ruhm und Anerkennung am spätesten überwunden wird. Dass sich ferner im Alter ein gewisses Misstrauen gegen Menschen bei ihm einstellte, wird man sich leicht aus manchen Erfahrungen seines wechselreichen Lebens erklären können.

Hiermit schliesse ich die Darstellung von Ritschl's Leben nnd Charakter. Wem sie zu kurz erscheint, der möge bedenken, dass gerade bei den Erforschern des klassischen Alterthums wegen ihrer mit den praktischen Interessen der Gegenwart wenig gemein habenden Aufgabe — welcher Nachtheil übrigens den grossen Vortheil mit sich bringt, ihnen überall und unter allen Verhältnissen die vollste Freiheit der Bewegung zu sichern — die Persönlichkeit des einzelnen Gelehrten weit minder in Betracht kommt als bei den Vertretern mancher anderer Wissenschaften, z. B. der Philosophie und Theologie.

Ich gehe jetzt zu dem zweiten, ungleich wichtigeren Theile meiner Aufgabe über, zur Schilderung von Ritschl's wissenschaftlicher und pädagogischer Wirksamkeit. Allein bevor ich dies Thema behandle, ist es nöthig, einige allgemeine Erläuterungen voranzuschicken, die bestimmt sind, als Grundlage dessen zu dienen, was ich über Ritschl zu sagen gedenke.

Philologie in der weitesten Bedeutung des Wortes ist, nach Böckh, Wiederaufbau des geistigen Lebens eines Volkes. Danach zerfällt die klassische Philologie, wie jede andere, in zwei Abtheilungen, die formale und die reale. Zur formalen gehören Grammatik, Metrik, Syntaxis, Rhetorik und Geschichte der Literatur, zur realen Alterthümer, sowohl öffentlicher als privater, weltlicher als religiöser Art, so dass sie Mythologie und Archäologie in sich schliesst, ferner Geschichte und Geographie, endlich alle specialen Wissenschaften.

Die formale Philologie beschäftigt sich ausschliesslich mit sprachlichen Denkmälern, und zwar hauptsächlich mit solchen, die handschriftlich, viel weniger mit denen, die inschriftlich vorliegen. Was die Kenntniss der specialen Wissenschaften im Alterthum betrifft, z. B. der Medizin, Agricultur, Kriegskunde, so kann man billiger Weise ihre genaue Kenntniss von keinem Philologen, selbst nicht von einem Realisten erwarten: sie gehören in das Gebiet der Fachmänner. Dass in jenen noch so vieles dunkel ist, hat seinen Grund darin zu suchen, dass so selten tüchtige Kenner des Latein und Griechisch sich mit Aerzten, Landwirthen, Militärs u. s. w. zu wissenschaftlicher Bearbeitung der bezeichneten Themen vereinigt haben.

In der Literaturgeschichte interessiren den formalen Philologen begreiflicherweise am meisten diejenigen Autoren, die nicht nur durch ihren Inhalt, sondern auch durch die Form der Darstellung bedeutend sind. Danach kommen für die formale Philologie literarhistorisch am meisten in Betracht die Dichter, dann die Redner, Historiker und Philosophen, da sich das Alterthum Werke rednerischen, historischen und philosophischen Inhalts ohne Vollendung

der Form nicht zu denken pflegte, zuletzt die Vertreter
aller übrigen Fächer der Prosa, je in dem Maasse als sie
beflissen waren, ihren Werken auch formale Vollendung
zu geben, wobei freilich zu beachten ist, dass die Alten,
auch wenn sie über Ackerbau oder Pferdezucht schrieben,
weit mehr Werth auf stilistische Vollkommenheit legten,
als die Neuern, die selbst in den höchsten Gattungen der
Prosa nur zu oft dem Inhalt ausschliesslich ihre Sorgfalt
widmen, unbekümmert um die Form.

Es leuchtet nun aber ein, dass reale und formale
Philologie niemals ganz zu trennen sind. Z. B. kann bei
Beurtheilung irgend welchen literarischen Produktes nie
unbeachtet bleiben die Frage, wie weit der Autor den
sachlichen Anforderungen, die man an ein Kunstwerk der
Literatur zu stellen hat in Bezug auf Quellenbenutzung,
Combination und Disposition, Genüge geleistet habe.
Dazu bedarf es der Kenntniss von Realien; nicht minder
in sehr vielen Fällen bei Kritik und Exegese einzelner
Textes-Stellen. Andererseits ist es klar, da die wichtigste
Quelle unserer Erkenntniss des Lebens der Alten zweifellos die sprachlichen Denkmäler sind, dass kein Realist
seiner Aufgabe ohne gründliche formale Bildung genügen
kann.

Der oft geführte Streit, ob die formale Abtheilung
der klassischen Philologie oder die reale wichtiger sei,
ist eigentlich abgeschmackt. Jede Wissenschaft trägt ihren
Werth in sich. Auch ist eben nachgewiesen worden, dass
beide Theile sich gegenseitig gar nicht entbehren können,
so wenig wie die eine Hand des Menschen die andere.

Dagegen ist nicht zu leugnen, dass für den praktischen Gebrauch des Studenten die formale Philologie

viel gewichtiger ist als die reale, ihre Vernachlässigung
ihm unberechenbaren Schaden bringt.

Es muss nämlich immer von neuem betont werden,
je öfter es leider vergessen wird, dass die erste und
wichtigste Aufgabe eines akademischen Professors der
klassischen Philologie die ist, tüchtige Gymnasiallehrer der
alten Sprachen zu bilden, gegen welche Verpflichtung die
andere, aus der grossen Menge die wissenschaftlich am
meisten Befähigten hervorzuziehen und durch geeignete
Uebungen zur akademischen Carrière vorzubereiten, durchaus in den Hintergrund treten muss. Denn solcher, die
sich zu dieser schwierigen Laufbahn entschliessen, werden
stets nur Wenige sein, auch macht sich wirkliches Talent
und ungewöhnliches Streben in der Wissenschaft meist
schon von selbst bei den hergebrachten Disputationen
und sonstigen Uebungen der Studenten geltend; ferner
pflegen regsamere Naturen sehr gern freiwillig bei den
Professoren über die Probleme der wissenschaftlichen
Methode, die am meisten empfehlenswerthen Bücher und
sonstigen Hülfsmittel des Studiums, endlich über die geeignete Wahl von Themen selbständiger Arbeiten sich
zu unterrichten.

Die Heranbildung tüchtiger Gymnasiallehrer interessirt
immer eine ganze Provinz, häufig ein ganzes Land. Denn
wenn die Grundlage der liberalen und humanen und zugleich gediegenen Jugendbildung die klassischen Autoren
sein sollen, was ist wichtiger als dass die Gymnasien mit
Lehrern versehen werden, die gründlich mit dem Geist
des klassischen Alterthums vertraut sind, und vor allem mit
den Autoren des Schulgebrauchs? Wogegen die Heranbildung blosser Gelehrter, wenn auch für die Wissenschaft

höchst dankenswerth, für die praktischen Zwecke gründlicher und zweckmässiger Jugendbildung nur mittelbar in Betracht kommt.

Ist es also die erste Aufgabe der philologischen Professoren, Gymnasiallehrer zu bilden, so ergiebt sich von selbst, dass jene hauptsächlich solche Collegien halten, solche Uebungen veranstalten müssen, die diesen am meisten erspriesslich sind. Danach kann es keinem Zweifel unterliegen, dass dem praktischen Nutzen besonders dienen die Fächer der formalen Philologie, durch die uns der so schwierige als kunstvolle Bau der alten Sprachen erschlossen wird. Denn die Sprache ist unbezweifelt das edelste, eigenthümlichste und wichtigste Gut des Menschengeschlechts.

Wollte man das Gebiet der realen Philologie zur Grundlage der Jugendbildung machen, so könnte das Resultat kaum ein anderes sein, als ein wüster und zugleich von jeder Vollständigkeit sehr ferner Notizenkram in den Köpfen der Schüler. Nicht das Studium der Thatsachen, in den klassischen Schriftwerken über Geschichte und Cultur des Alterthums mitgetheilt, die von den Schülern der Gymnasien häufig gar nicht nach Gebühr gewürdigt werden können, deren Kenntniss auch nicht selten der Jugendbildung wenig förderlich ist, sondern das Verständniss der grammatischen, syntaktischen, rhetorischen und metrischen Vollendung, wie sie sich zumal bei den grössten Autoren der alten Welt zeigt, bietet das geeignete Feld für jene Gymnastik des jugendlichen Geistes, der man vergeblich die Beschäftigung mit den formal meist sehr entarteten neueren Sprachen oder mit den sogenannten exakten Wissenschaften hat substituiren wollen. Diese

letztgenannten hätten vielleicht eher als Surrogat dienen
können, wenn sie nicht für das jugendliche Alter zu
schwierig oder zu trocken wären, einseitiger Verstandes-
bildung dienten, endlich ganz des idealen, zumal ethischen
Fonds entbehrten, der für die Jugend unerlässlich ist.
Hiermit ist natürlich keineswegs gesagt, dass die exakten
Wissenschaften, wenn sie einem gereifteren Auditorium
vorgetragen werden, der Unsittlichkeit oder dem Nihi-
lismus Vorschub leisten.

Wenn also der Schwerpunkt der Lehrthätigkeit innerhalb der Gymnasien in der möglichst gründlichen Er-
fassung und Durchdringung der klassischen Sprachen, in
dem möglichst genauen Verständniss der formalen Kunst
der vorzüglichsten Autoren des Alterthums beruht, so ist
ersichtlich die Hauptaufgabe der Universitäten die tüchtige
formale Durchbildung der philologischen Studenten.

Fragt man nun, welche Lectionen hauptsächlich zu
diesem Zweck dienlich sind, so ergiebt sich als noth-
wendigstes Bedürfniss griechische und römische Literaturgeschichte, da diese dem Studenten Gebiete eröffnet,
Gesichtspunkte erschliesst, Ideen anregt, die er durch
die propädeutische Bildung der Gymnasien unmöglich gewinnen konnte. Dann kommen Grammatik und Metrik.
Von den Autoren werden zumeist diejenigen sich zur
Exegese eignen, welche für die Bedürfnisse der Schule
am wichtigsten sind, zumal dieselben grösstentheils durch
formalen und sachlichen Werth eine hervorragende Stellung einnehmen, auch sich an die meisten eine solche
Menge, theilweise noch ungelöster, wissenschaftlicher Probleme knüpft, dass sie auch zur Erschliessung wissenschaftlicher Methode die erspriesslichsten Dienste leisten.

Es würden also von den Griechen hauptsächlich in
Betracht kommen: Homer, die Tragiker, Herodot, Thucydides, Xenophon, Plato, Demosthenes, Lysias und Isocrates,
von den Römern Cicero, Caesar, Sallust, Livius, Tacitus,
Virgil, Horaz, Ovid, Phaedrus.

Es veranlasst mich auch ein wissenschaftliches Princip,
das freilich auf manchen Widerspruch stossen dürfte,
mir aber unerschütterlich feststeht, zu der Forderung, dass
die Professoren bei ihren Interpretationen von den aner-
kannten Mustern der besten Zeit der Literatur ausgehen.
Ich bin nämlich der Meinung, dass die Forschung von
den vollendetsten Repräsentanten jeder Gattung des Stiles
ihren Anfang nehme, und von diesen aus die vorklassischen und nachklassischen Autoren gleicher Art kritisch
durchmustere. Denn alle Anfänge jeder Literatur sind
für uns in Dunkel gehüllt, so dass bei den ältesten Denk-
mälern derselben nur zu oft das archimedische $\delta\acute{o}\varsigma\ \mu o\iota$
$\pi o\tilde{\upsilon}\ \sigma\tau\tilde{\omega}$ seine Berechtigung hat. Nun erlangen die nachklassischen Denkmäler, wie sich von selbst versteht, ihr
volles Verständniss erst durch Bekanntschaft mit den
klassischen. Betrachtet man überhaupt die klassischen
Monumente der Litteratur als den Mittelpunkt seiner
Studien, stützt man sich auf die Kenntniss des goldenen Zeitalters, dessen formale Vollendung in Sprache und
Metrik eine im Ganzen gesicherte Grundlage positiven
Wissens bietet, von dem man bei jeder wissenschaftlichen
Untersuchung ausgehen muss, so wird man vermögen,
durch allmäliges Rückwärts- und Vorwärtschreiten, besser
die Eigenthümlichkeiten der vorklassischen und nachklassischen Autoren zu ergründen, als wenn man von ihnen
die gelehrte Forschung anfinge. Erst wenn man die

grammatischen und metrischen Gesetze einer Sprache in ihrer höchsten Entwickelung gehörig inne hat, kann man die Ausnahmen von der Regel gebührend würdigen. Es würde also, um meine Ansicht durch ein Beispiel zu illustriren, für einen Gelehrten, der sich mit Plautus beschäftigen wollte, die praktischste Reihenfolge der Lecture und des Studiums folgende sein: Virgil, Catullus, Lucrez, Lucilius, Terenz, die Fragmente der Dramatiker von Caesars Zeit bis auf die des Plautus. Uebrigens versteht sich, dass, wann immer sprachliches und metrisches Material aus den Zeiten vor dem ersten nicht fragmentarisch erhaltenen Vertreter eines Literaturzweiges vorliegt, auch dieses gebührend verwerthet werden muss, dass ferner, wo dieses fehlt oder nicht ausreicht, die Resultate der Sprachvergleichung für die vorliterarische Zeit in Anspruch zu nehmen sind, natürlich mit Mässigung und Besonnenheit. Sagt man nun, es liesse sich mit der von mir empfohlenen Methode, höchstens eine relative, nimmermehr eine absolute Sicherheit der gewonnenen Resultate erlangen, so entgegne ich, dass, wie auch Ritschl anerkannt, überhaupt bei den Anfängen der Literatur, also, auf die klassischen Sprachen angewendet, bei Homer und Plautus, höchstens eine relative Sicherheit erlangt werden kann, und dass wir sehr zufrieden sein dürfen, wenn wir überhaupt bis zu dieser gelangen. Auch auf weit lichteren Gebieten der Literatur übrigens müssen wir uns oft mit relativer Sicherheit begnügen.

Selbstverständlich soll sich aber die Interpretation der Autoren auf den Universitäten nicht auf die in Schulen gelesenen beschränken, sondern auch andere möglichst berücksichtigen, je nach dem Verhältnisse ihres praktischen

Nutzens für die Erkenntniss des Alterthums oder der kritischen Probleme, die sie darbieten. Auch für die Uebungen der Seminarien werden solche Autoren entsprechend benutzt werden müssen.

Was nun die wissenschaftlichen Uebungen der Studenten betrifft, so empfiehlt es sich nicht bloss des praktischen Nutzen halber, sondern eben so sehr zur Anleitung und Vorbereitung eigener und selbständiger Förderung der philologischen Wissenschaft, die Anfänger der Philologie mit grammatischen und metrischen Untersuchungen, solchen natürlich, die ihrem Alter und ihren Kenntnissen angemessen sind, zu·beschäftigen, ferner mit der kritischen Behandlung verdorbener oder schwieriger Textes-Stellen, soweit dieselben durch grammatische und metrische Kenntnisse, so wie durch scharf logisches Denken zu enträthseln, also für junge Männer, die nicht ganz der geistigen Fähigkeiten ermangeln, traitabel sind. Zur wesentlichen Unterstützung solcher Untersuchungen dient natürlich die Kenntniss der Paläographie, d. h. der Lehre von den Veränderungen der Schriftzeichen und von den sonstigen Besonderheiten in Handschriften und Inschriften. Doch macht die blosse Kenntniss der Paläographie noch lange keinen Kritiker. Vielmehr gilt auch für die Verbesserung verderbter Texte zuerst der Spruch des alten Römers „rem tene, verba sequentur". Findet sich bei einer wirklich verderbten Stelle eine unzweifelhafte Besserung, so wird in den meisten Fällen auch leicht ihre paläographische Probabilität sich nachweisen lassen.

Nicht blos dem Studirenden, der die Gymnasialcarrière erwählt hat oder seine wissenschaftliche Thätigkeit innerhalb der formalen Philologie zu entfalten ge-

denkt, sondern auch dem künftigen Realisten werden
grammatische, metrische, kritische Uebungen von gröss-
tem Nutzen sein. Es giebt nichts, was so sehr zu scharfem,
logischem Denken, zur Aufspürung selbst geringfügiger
oder dem blöden Auge schwer ersichtlicher Probleme den
jugendlichen Geist schärfte. Und ferner, ist die genaue
Kenntniss der klassischen Sprachen dem künftigen Historiker, Epigraphiker, Antiquar oder Archäologen nicht unerlässlich? Manche Vertreter dieser Disciplinen haben
bis zur Stunde die Vernachlässigung des Latein und
Griechisch während der Studentenzeit theuer genug be-
zahlen müssen.

'Was ich hier über Wesen und Eintheilung der Philologie, sowie über den Nutzen des formalen Theils dieser
Wissenschaft gesagt habe, ist keineswegs Abschweifung
vom Thema. Nur nach dieser Exposition war es möglich, ein unbefangenes Urtheil über Ritschl's gelehrte und
pädagogische Thätigkeit zu geben. Jetzt werden, hoffe
ich, die Vorzüge wie die Mängel des berühmten Todten
dem Leser in klarerem Lichte erscheinen. Mit blossen
Phrasen wäre weder dem Publikum noch Ritschl selbst
besonders gedient.

Ich werde nun versuchen ein Bild von Ritschl's gelehrter Thätigkeit, seinen Bemühungen um Förderung der
philologischen Disciplin zu geben. Denn die Aufgabe
des Professors ist, wie von selbst einleuchtet, eine doppelte:
einerseits die Wissenschaft zu bereichern durch selbständige
Forschungen, andrerseits die Jugend mit den Resultaten
eigener wie fremder Forschungen in der Wissenschaft bekannt zu machen und ihr wissenschaftliche Methode bei-
zubringen.

Reisig war zwar auch ein guter Lateiner, doch ruhte
der Schwerpunkt seiner Studien im Griechischen. Danach
ist es nicht zu verwundern, wenn auch Ritschl sich eher
als Graecist denn als Latinist bekannt machte. Seine
erste grössere Publication war i. J. 1832 eine Ausgabe
des Thomas Magister, die diesen späten und urtheilslosen,
jedoch durch manche Notizen und Fragmente werthvollen
Grammatiker der byzantinischen Zeit, der schon im vorigen
Jahrhundert die Aufmerksamkeit der holländischen Graecisten auf sich gezogen hatte, mit Glück behandelte.
Dann folgten Abhandlungen verschiedener Art, die mit
einigen auf die griechische Kunst bezüglichen Aufsätzen
jetzt im 1. Bd. der opuscula philologica vorliegen. Unter
diesen erwähnen wir besonders die lichtvolle Arbeit über
„die Alexandrinischen Bibliotheken unter den ersten Ptole-
maeern und die Sammlung der Homerischen Gedichte
durch Pisistratus“, die noch jetzt, auch nachdem über
das erste Thema manches, über das zweite unzähliges
neue publicirt ist, grossen Werth hat, und von keinem
Freunde der Cultur des Alterthums, zumal aber von keinem
Bearbeiter der Homerischen Frage ausser Acht gelassen
werden darf.

Dass sich Ritschl ferner manche Verdienste um die
griechische Metrik erwarb, wird mit Rücksicht auf seine
Leistungen für Plautus nicht befremden.

Lange Zeit hatte er sich mit dem Plan einer Ausgabe der antiquitates Romanae des Dionysius Halicarnas-
sensis getragen (vgl. opusc. philol. I., 471 fgdd.), bis er
den dafür gesammelten Apparat einem Schüler überliess.

Allein schon in Breslau begann Ritschl's Thätigkeit
sich dem Gebiet zuzuwenden, welches für sein späteres

Forschen entscheidend wurde, auf dem er neue Bahnen erschliessen sollte, der altlateinischen Sprache und Literatur.

An dieser Stelle scheint es mir geeignet, einige Worte über die akademische Frage, ob die Thätigkeit des Graecisten oder des Latinisten lohnender und erspriesslicher, einzuschalten. Eigentlich ist dieser Streit ebenso gegenstandlos als der über den Vorzug der formalen oder der realen Philologie. Auch kann ebensowenig ein Graecist des Latein, als ein Latinist des Griechischen entbehren. Doch um auf jene Frage noch weiter einzugehen, wer könnte leugnen, dass die griechische Literatur an Originalität, Umfang und Inhalt der römischen weit überlegen sei? Freilich muss man, was den Umfang beider Literaturen betrifft, in Betracht ziehen, dass der Verlust in der Römischen verhältnissmässig noch grösser ist, als in der griechischen, insofern während des Mittelalters die liberalen Studien und das Abschreiben klassischer Autoren im Osten eifriger gepflegt wurden als im Westen. — Dagegen kann es nicht befremden, dass die Thätigkeit der Philologen des Abendlandes sich stets mit Vorliebe den lateinischen Studien zugewandt hat. Beruhte doch während des ganzen Mittelalters fast ausschliesslich die Cultur des Westens auf den Ueberresten der römischen Cultur, die gelehrte Bildung auf den Ueberbleibseln der römischen Literatur, war doch das Leben der westlichen Völker mit Rom eng vereint durch die Bande der Religion, der Jurisprudenz, durch lokale Beziehungen, endlich auch, seit Karl dem Grossen, durch die Erneuerung des Römischen Kaiserthums. Was man vom alten Griechenland wusste, wusste man beinah bloss aus lateinischen Büchern.

Auch seit dem 15. Jahrhundert, als die Kenntniss der griechischen Klassiker neu auflebte, überwog doch bei allen Gebildeten, ja bei den meisten Gelehrten das Studium des Latein. Und wie hätte es anders sein können? Das Latein war in den Gymnasien die weit bevorzugte Sprache, in lateinischer Poesie wie Prosa sich auszudrücken, wurden die Schüler unermüdlich geübt, die ganze gelehrte Literatur des Mittelalters, ein sehr grosser Theil der neuern war in dieser Sprache verfasst, die Vorträge der akademischen Docenten wurden lateinisch gehalten. Des Lateins konnten weder der Jurist noch der Theologe noch der Vertreter der exacten Wissenschaften, auch nicht der Diplomat, entbehren. Allmälig wurde zwar die lateinische Sprache aus vielen ihrer Positionen ganz oder theilweise vertrieben; ausserdem ward das Studium des Griechischen allgemeiner, und übte auf die Literatur mancher Völker tiefgehenden Einfluss. Dennoch überwiegt noch heut der praktische Nutzen des Latein bei Weitem den des Griechischen.

Allein es giebt noch andere Ursachen, weshalb sich die Mehrzahl der grossen Kritiker mit Vorliebe dem Studium des Lateins zugewandt hat. Nicht blos der mehr äusserliche Umstand, dass die klassische Literatur der Römer an Umfang weit beschränkter ist, also sich auch leichter übersehen und beherrschen lässt als die der Griechen, oder dass durch Alter und Zuverlässigkeit ausgezeichnete Handschriften für die lateinischen Autoren zahlreicher sind als für die griechischen, sondern noch mehr die strenge Regelrechtigkeit und Consequenz der lateinischen Sprache, die bewunderungswürdige Logik der Perioden ihrer Prosaiker, die sorgsamst gefeilte Metrik ihrer Dichter, welche, wie einer derselben mit Rücksicht auf

2*

die Griechen sagt „musas severiores colebant",
hat diejenigen, welche sich die Erforschung der alten
Sprachen, die Erklärung oder Verbesserung der geschriebenen Denkmäler zur Lebensaufgabe machten, immer wieder
zu den römischen Autoren hingezogen, und wird sie noch
lange hinziehen.

Das archaische Latein, d. h. die Zeit von den Anfängen der römischen Literatur bis auf Varro, war von
den italienischen Humanisten des 15. und 16. Jahrhunderts
mit wenig Neigung und Glück behandelt worden. Dagegen wurde es seit der Mitte des 16. Jahrhunderts der
Gegenstand energischer und erfolgreicher Studien seitens
der französischen, niederländischen und deutschen Philologen. Männer wie Lipsius, Junius, der jüngere Scaliger,
Acidalius, Janus Dousa, Vossius und Grotius haben sich
auf diesem Gebiete unsterbliche Verdienste erworben.
Ihre Thätigkeit kam auch besonders den altlateinischen
Dramatikern, zumal Plautus, zugute. Damals wusste man
vom alten Latein manches, was später wieder auf lange
verloren ging. *)

Allein seit der Mitte des 17. Jahrhunderts erschlaff-
ten diese Studien; und etwa 150 Jahre lagerten über jenem
weiten, aber dornigen und dunkeln Gebiet Unwissenheit
und Unachtsamkeit. Nur Bentleys Ausgabe des Terenz
erscheint wie eine Oase in der Wüste: sie bahnte einen
Weg zum Verständniss des alten Lateins, den lange nach
Bentleys Tode andere Gelehrte mit Glück verfolgt haben.

Auch Deutschland hatte im 16. und 17. Jahrhundert

---

*) Vgl. meine Geschichte der klassischen Philologie in den
Niederlanden S. 62.

an dem Studium der archaischen Literatur der Römer
regen Antheil genommen. Es hatte nicht nur aus seinen
Bibliotheken die vortrefflichsten Handschriften für den
wichtigsten Autor der vorklassischen Zeit, Plautus, ge-
liefert, sondern auch Gelehrte hervorgebracht, deren Verdienste um Plautus noch heute mit Achtung genannt
werden. Seit den Zeiten des dreissigjährigen Krieges
jedoch war auf diesem Gebiet der Wissenschaft Erschlaf-
fung eingetreten, die bis gegen das Ende des 18. Jahrhunderts dauerte. Erst damals begannen neue und er-
folgreiche Studien im Plautus. Man sieht, das Wieder-
erwachen der altlateinischen Sprachforschung fällt zusammen mit dem Aufschwung der klassischen Philologie, den
diese seit F. A. Wolf nahm.

Wie die Studien der holländischen Graecisten seit
Hemsterhuis, *) sind die der deutschen Latinisten seit Reiz
und Hermann ausgegangen von der Bewunderung und
Nacheiferung Bentleys. — Deutschland war durch den
dreissigjährigen Krieg wie materiell so intellectuell herab-
gekommen. Seit jener Zeit vornehmlich datiren in der
deutschen Philologie, natürlich immer mit rühmlichen,
nur vereinzelten, Ausnahmen jene wüsten Compilationen
ohne Geist und Geschmack, ohne Verständniss von Grammatik und Metrik, aber desto reichlicher versehen mit
unfruchtbarer Gelehrsamkeit und gedankenlosen Citaten,
Produkte, die der deutschen Wissenschaft bis zur Stunde
viel geschadet haben, wie denn bekanntlich noch in unserer
Zeit der erste Graecist dieses Jahrhunderts, Cobet, die
Deutschen doctiores quam saniores genannt hat.

---

*) Gesch. der kl. Philol. in den Niederl. S. 69—71.

Als seit der Mitte des vorigen Jahrhunderts das deutsche
Geistesleben wieder einen höheren Schwung nahm und
sich auf würdigere Ziele richtete, kam in der Philologie
Bentley zu Ansehen. Freilich gestaltete sich, je nach
Massgabe der Talente, die Verehrung und Nachfolge
Bentleys bei dem Einen sklavischer und geistloser, bei dem
Andern liberaler und ingeniöser: alle aber stimmten über-
ein in Bewunderung der präcisen Form von Bentleys Werken,
der reichen, oft überraschenden Resultate, der scharfen,
in der Fälle Mehrzahl unerbittlichen Logik, des richtigen
Taktes in Abschätzung der Handschriften, der subtilen
Observanz der grammatischen und metrischen Gesetze.
Grade die Metrik als Wissenschaft war den Deutschen
bisher gänzlich fremd geblieben; selbst in den besten
Zeiten des 16. Jahrhunderts hatten es die Philologen
Deutschlands, wie ihre Gedichte bezeugen, nur zu einer,
allerdings häufig recht guten, aber durchaus unbewussten
Technik der lateinischen Versification gebracht.

Zuerst nun der Leipziger Professor Reiz, noch mehr
sein grosser Schüler Gottfried Hermann erkannten die
Nothwendigkeit, in möglichst engem Anschluss an Bentley's
Ausgabe des Terenz neue Wege für die Kritik des Plautus
zu finden. Doch waren ihre Bemühungen zu wenig conse-
quent und andauernd, ermangelten auch zu sehr der kritischen Hülfsmittel, als dass sie für den Komiker soviel
hätten leisten können, wie ihr Talent ihnen wohl vergönnt
hätte. Gleichwohl verdienen Hermann's Erörterungen
über die Verskunst des Plautus in den „elementa doctrinae
metricae" und sonst alle Achtung.

Schon im Jahre 1835 gab Ritschl eine Probe seiner
Plautinischen Studien durch eine Ausgabe der Bacchides.

Doch konnte er erst einen festen Boden für seine kritische
Thätigkeit gewinnen, als er die Schätze der italienischen
Bibliotheken, zumal der Ambrosiana in Mailand und der
Vaticana in Rom, für seinen Autor verwerthet hatte.

Die älteste und treueste Ueberlieferung des Plautus
beruht im Wesentlichen auf zwei Handschriften der vati-
canischen Bibliothek, dem „vetus codex Camerarii" und
dem Ursinianus, einer der Heidelbergischen, dem „decur-
tatus Camerarii" und einem Mailänder Palimpsest, welches
im Anfang dieses Jahrhunderts der berühmte Cardinal
Angelo Mai entdeckt hat. Während die übrigen Handschriften, die schon vor Ritschl von vielen Gelehrten benutzt waren, keine wesentlichen Schwierigkeiten bieten,
ist die Lesung des Ambrosianus eine höchst mühevolle
und schwierige. Heutzutage ist derselbe in Folge des
fortwährenden Gebrauchs chemischer Reagentien seitens
der verschiedenen Gelehrten, welche ihn im Interesse des
Plautus ausbeuten wollten, beinahe zu einer unförmlichen
Masse geworden.

Ritschl hat sich vier Monate mit der Entzifferung dieser
so werthvollen Handschrift beschäftigt. Und es ist sicher,
dass er in dieser Zeit soviel für die Kritik des Plautus
aus dem Ambrosianus gewonnen hat, als irgend möglich
war. Mag er auch zuweilen gegen Herrn Gepperts Colla-
tion desselben Codex ungerecht gewesen sein, im Ganzen
wird man bei zweifelhaften Stellen unbedingt seinem
Zeugniss den Vorzug geben. Dass gleichwohl später ein
durch paläographische Begabung ausgezeichneter Philologe,
W. Studemund, bei seinem mehrjährigen Aufenthalte in
Italien und oftmaligen Besuche Mailands viele Stellen des
Plautus im Ambrosianus richtiger oder vollständiger ge-

lesen hat, wird man Ritschl unmöglich zum Vorwurf machen
können.

Es galt aber auch, über die diplomatische Ueberlieferung des Plautus in den zahlreichen Ausgaben seit
dem 15. Jahrh., über die handschriftlichen Hülfsmittel
und die sonstigen Referenzen und Differenzen der Urheber
Licht zu verbreiten, eine ebenso dankenswerthe und nothwendige als dornige und langweilige Aufgabe. Auch
dieser hat Ritschl mit gleichem Geschick entsprochen.
Bei einer Beurtheilung früherer Gelehrten möchte man
mehr Anerkennung Bothes wünschen, welchen viel ver-
kannten lediglich sein trauriges Schicksal verhindert hat,
Epochemachendes in der Kritik zu leisten — denn auch
die grösste Kraft geht zu Grunde, wenn sie genöthigt ist
vom Bücherschreiben zu leben, zumal in der Philologie —,
ebenso hätte Weise, wie schon Hr. Spengel bemerkt, eine
etwas mildere Kritik verdient, obwohl ich begreiflicherweise am wenigsten seinen metrischen Phantasmen das
Wort rede.

Unterstützt durch reiche Collationen verfolgte Ritschl
mit stets zunehmenden Eifer seine Plautinischen Studien.
Das Resultat derselben waren zunächst eine Menge Abhandlungen grammatischen, kritischen, litterarhistorischen
Inhalts, die er seit 1837 in Programmen und Zeitschriften
veröffentlicht hat, und die zum grössten Theil gesammelt
in den Parerga Plautina und dem 2. Bande der Opuscula
Philologica vorliegen, ferner die grosse Ausgabe des Plautus
die seit dem Jahre 1849 erschienen ist, aber leider nur
die kleinere Hälfte des Plautinischen Komödie umfasst,
nämlich neun von zwanzig.

Ueberhaupt muss bei dieser Gelegenheit beklagt

werden, dass Ritschl durch vielfache Thätigkeit, vornehmlich aber durch die aufopfernde Theilnahme, die er den
Arbeiten seiner Schüler bewies, mehrfach gehindert ist,
projektirte Arbeiten zum Abschluss zu bringen. Es wäre
von grossem Werthe gewesen, wenn wir aus seinen Händen
eine Ausgabe sämmtlicher Stücke des Plautus empfan-
gen hätten. Schon in Bonn rieth ich ihm deshalb einmal,
als er mich um meine Ansicht fragte, nicht zu einer neuen
Ausgabe der von ihm schon bearbeiteten Plautinischen
Stücke, deren Exemplare vergriffen waren, zu schreiten, überhaupt alle übrigen Arbeiten und Entwürfe der Vollendung
seines Plautus nachzusetzen. Die gelehrte Welt hat Grund es
zu bedauern, dass er diesem Rathe nicht gefolgt ist.
Uebrigens, bin ich der Meinung, wäre es praktischer gewesen, wenn Ritschl die Bearbeitung des Terenz, der in
sprachlicher und metrischer Beziehung weit leichter ist als
Plautus, dessen handschriftliche Ueberlieferung reicher und
correcter ist als die des Plautus, der endlich weit weniger
Umfang hat, der Herausgabe des Plautus vorangeschickt
hätte. Ich halte dies aufrecht trotz der Bemerkungen
Ritschls S. 118 der proleg. Trinummi.

Eröffnet wurde die Ausgabe des ersten Stückes, des
Trinummus, durch ausführliche Prolegomena, in denen
über die kritischen, grammatischen, metrischen Principien
der neuen Ausgabe gehandelt ist. Durch diese Einleitung
zeigte sich Ritschl als den würdigen Nachfolger Gottfried
Hermann's, dem er die Ausgabe des Trinummus gewidmet
hat, und Richard Bentley's.

Da der Schwerpunkt von Ritschls Studien im Plautus
liegt, und sein Name für alle Zeiten mit diesem Autor
eng verbunden ist, theils durch seine Leistungen, theils

durch die von ihm angeregten, so erscheint es mir zweck-
mässig seine Arbeiten für Plautus und was sich an diese
knüpfte mit möglichster Ausführlichkeit zu besprechen,
dafür das Uebrige desto kürzer zu behandeln.

In der Werthschätzung und Klassification der Handschriften, der Scheidung der gefälschten Ueberlieferung
des 15. Jahrhunderts von der ächten oder doch minder
getrübten hat Ritschl für Plautus zwar die richtigen Pfade
eingeschlagen, aber keine neuen. Seine Behandlung dieses
Gegenstandes beruht vielmehr durchaus auf denselben
Principien, die Lachmann für Lucrez, Jahn für Persius
und Juvenal, Madvig für Cicero und Livius, andere ander-
weit angewendet haben, und die schon Friedrich August
Wolf in den prolegomena zu Homer mit bewunderungs-
würdiger Klarheit entwickelt hat.

Was die Besserung des Textes durch Divination betrifft, so hat Ritschl die Kritik des Plautus in den von
ihm herausgegebenen Stücken nicht zu Ende geführt, und
er selbst sagt mit Recht, dass sie schwerlich je zu Ende
geführt werden könne. Die Schwierigkeiten sind eben zu
gross, als dass ein Gelehrter, ja selbst die fortgesetzten
Bemühungen vieler sie vollkommen überwinden könnten.
Nicht blos ist die handschriftliche Ueberlieferung der Komödien des Plautus eine äusserst verderbte, sondern, was
viel schlimmer ist, es fehlt uns viel zu sehr an gleichzeitigen literarischen Denkmälern, um durch Vergleichung
mit diesen einen Maassstab zu haben, für das was bei
Plautus in grammatischer und metrischer Beziehung möglich
oder unmöglich ist. Bekanntlich ist Plautus der älteste römische Autor, von dem vollständige Werke erhalten sind. Was
sich an gleichzeitigen oder früheren Denkmälern der

lateinischen Sprache durch Inschriften oder Citate alter
Autoren gerettet hat, gibt uns zwar manche äusserst
werthvolle Bereicherungen unserer Kenntniss der ältesten
Latinität, ist aber doch so wenig zahlreich, dass es uns
die Grösse unseres Verlustes nur desto lebhafter empfinden
lässt.

Die allermeisten Fragen der Plautinischen Kritik
müssen aus Plautus selbst beantwortet werden. Denn
selbst die Komödien des Terenz, obwohl sie der Zeit
nach nicht sehr viel jünger sind als die Plautinischen
(Terenz ward etwa in derselben Zeit geboren als Plautus
starb, um's Jahr 185 v. Chr., und starb schon 159),
helfen uns weniger zur Kritik des Plautus als man annehmen sollte, da die lateinische Sprache seit Plautus
und besonders Ennius sehr rasche Fortschritte in Eleganz
und Reichthum machte, es ausserdem dem Terenz durch
ein günstiges Geschick vergönnt war, eine sorgfältige Er-
ziehung zu geniessen und mit den gebildetsten Römern
seiner Zeit in nähere Beziehungen zu treten. Bekanntlich trugen diese Umstände so sehr zur Eleganz seiner
Komödien bei, dass in Rom das Gerede ging, römische
Edle hätten ihm bei seiner Schriftstellerei geholfen. Plautus hingegen scheint zu der Elite der römischen Gesellschaft in keiner Beziehung gestanden zu haben, seine
Komödien sind ersichtlich auf Effekt bei der Plebs be-
rechnet, weder in Sprache noch in Metrik hat er sich
gleicher Sorgfalt beflissen als Terenz.

Fragen wir nun genauer, welche Verdienste Ritschl
um die Emendation des Plautinischen Textes gehabt hat,
so stehe ich nicht an, dieselben, obwohl sie keineswegs
unbedeutend sind, doch für beträchtlich geringer zu er-

klären als seine Leistungen auf anderen Gebieten der
Wissenschaft. Vor allem mangelt Ritschl im Plautus und
sonst jene geniale Leichtigkeit des Conjectirens, die wir
an den grössten Kritikern, vor allen an Richard Bentley
und Nicolaus Heinsius bewundern. Allerdings ist der
Text des Plautus so verderbt und schwierig, wie wohl
kein anderes Schriftwerk des Alterthums, und alle Arten
der Verderbnisse, denen schriftlich fortgepflanzte Denkmäler unterliegen: Entstellungen von Buchstaben, Silben,
ganzen Worten, Lücken, Umstellungen, Interpolationen
sind dort zahlreich vertreten. Auch erscheint ihre Hebung
oft um so schwieriger, als sie grossentheils keineswegs
dem Mittelalter, sondern schon frühern Jahrhunderten des
Alterthums, ja theilweise dem ersten Jahrhundert nach
Plautus Tode und der Epoche des Cicero und Augustus
ihren Ursprung verdanken. Denn es leidet gar keinen
Zweifel, dass die Römer schon im 1. Jahrhundert v. Chr.
über viele Eigenheiten der Plautinischen Sprache und
Metrik sehr im Unklaren waren, ja theilweise viel schlechter
unterrichtet als wir, ähnlich wie den Griechen zu Cicero's
Zeit die Reden im Thucydides kaum verständlich erschienen. — Wenn nun, nach dem eben Gesagten, die Kritik
im Plautus kühner, ja gewaltsamer sein darf als in vielen
andern alten Autoren, so lässt sich doch nicht leugnen,
dass Ritschl's Kritik die erlaubten Grenzen häufig über-
schritten hat, dass er oft sehr weitgehende Textesänderun-
gen vornahm, wo, wie das Beispiel älterer und jüngerer
Kritiker zeigt, mit weit gelinderen Mitteln zu helfen war.
Noch speciell ist an dieser Stelle zu rügen das Einschieben
von Flickwörtern, also das willkürliche Statuiren von
Lücken, ohne zwingende logische Motive, hauptsächlich

zur Beseitigung metrischer Schwierigkeiten, von welchem
wenig empfehlenswerthen Mittel der Kritik übrigens Ritschl
selbst in den letzten Jahren mehr und mehr zurückgekom-
men zu sein scheint. Weniger wird man ihm verargen,
dass er bei einem so fehlerhaften Texte manche Verderbnisse, deren Evidenz aus grammatischen, metrischen
oder logischen Gründen unzweifelhaft ist, übersehen hat.

Noch möchte ich auf einen Mangel Ritschl's weisen,
den er freilich wohl mit allen Kritikern des Plautus in
diesem Jahrhundert theilt: man vermisst in seinen kritischen
Versuchen das frische Leben, den muntern Witz, die naive
Grazie, wodurch sich die Conjecturen der Kritiker des
16. Jahrhunderts, die an grammatischer und metrischer
Kenntniss des Plautus tief unter Ritschl standen, oft so
vortheilhaft auszeichnen.

Soll ich schliesslich ein definitives Urtheil über Ritschl's
Verdienste um die Emendation des Plautus geben, so
möchte ich die Ansicht eines vor mehreren Jahren verstorbenen Berliner Gelehrten unterschreiben, der sich in
einem Programm der dortigen Universität über den Miles
Gloriosus dahin geäussert hat, dass die Herstellung der
Plautinischen Komödien von Ritschl vortrefflich begonnen,
aber gleichwohl noch vielfach unsicher sei.

Weit höher als diesen Theil von Ritschl's Thätigkeit
stelle ich seine literarhistorischen, metrischen und grammatischen Untersuchungen hinsichtlich des Plautus und
der ältesten römischen Denkmäler überhaupt.

Zumal die literarhistorischen, die grösstentheils in den
Parerga enthalten sind, erscheinen als wahre Meisterwerke.
Es möge hier, gleichsam wie ein curiosum, bemerkt werden,
dass Ritschl zuerst dem Plautus seinen wahren Namen

wiedergegeben hat, nämlich Titus Maccius, während er
früher durchweg Marcus Accius genannt wurde, hauptsächlich durch Verwechselung mit dem berühmten Tragiker Lucius Accius; denn die Zeugnisse des Alterthums
bieten für den falschen Namen fast keine Gewähr. Natürlich schrieb Plautus selbst seinen Namen mit einem c, da
die Römer erst seit Ennius Zeit die Consonanten zu ver-
doppeln anfingen; und zwar war das a in Macius kurz,
wie ich vor mehreren Jahreu unter Ritschl's Zustimmung
in den philologischen Jahrbüchern dargethan habe. Dieselbe Bemerkung hatte ganz um die gleiche Zeit auch
ein Schüler Ritschl's gemacht.

Doch auch alle übrigen literarhistorischen Abhandlungen Ritschl's verdienen unbedingtes Lob, mag man nun
die sorgsame Beschaffung des Materials oder die kritische
Methode oder den Scharfsinn und das feine Gefühl bei
Behandlung der oft äusserst schwierigen und dunklen
Probleme betrachten. Aufsätze wie: de aetate Plauti,
über die fabulae Varronianae des Plautus, über die Plautinischen Didaskalien, de veteribus Plauti interpretibus,
können für alle Zeiten als Muster ähnlicher Untersuchungen
gelten. Durch Ritschl sind wir zuerst über die Geschichte
des altlateinischen Drama's aufgeklärt worden. Unerwartete
Aufschlüsse für die römische Literaturgeschichte gab
seine vielbenutzte Abhandlung über die Schrift des Sue-
tonius de viris illustribus und deren Benutzung während
des Alterthums. Von ähnlichen Arbeiten, die nicht von
Plautus ausgingen, nenne ich die epochemachende über die
Schriftstellerei des Varro und den lichtvollen Kommentar
zu Suetons vita Terentii, der in der Sammlung der Sueto-
nischen Fragmente von Herrn Reifferscheid erschienen ist.

Ich gehe jetzt zu Ritschl's Leistungen für die Plautinische Metrik über. Bekanntlich hat die ersten Grundlagen zu einem richtigen Verständniss der Metrik des Plautus und Terenz gelegt Bentley in seinem „schediasma metrorum Terentianorum". Aber seine Behauptungen fanden wenig Beifall (in der Regel das Loos genialer Entdeckungen) bei den Zeitgenossen, ja anfänglich der Nachwelt. Erst Hermann, wie schon oben bemerkt, wies nachdrücklich und erfolgreich auf Bentley hin. Seinem Beispiel folgend versuchte Ritschl, nach langjährigen Studien und gestützt auf reichen handschriftlichen Apparat, in den prolegomena Trinummi ein einigermassen vollständiges System der Plautinischen Metrik herzustellen.

Es ist mir ganz unmöglich an dieser Stelle Ritschl's Leistungen auf diesem Gebiete so ausführlich als ich wünschte zu kritisiren. Eine genauere Behandlung dieses Themas würde ein eigenes Buch erfordern, und zudem, wie so manche Probleme der Plautinischen Kritik, insofern des Fundaments entbehren, als wir zur Stunde nur für einen Theil der Plautinischen Komödien die Ueberlieferung der besten Handschriften hinlänglich, wenn auch nirgend ganz vollständig, kennen. Daher begnüge ich mich mit folgenden Bemerkungen:

Was Ritschl über die Gesetze der Position, der Synizesis, der Verkürzung langer Endsylben, über den Hiatus, über podische Eigenthümlichkeiten und Cäsuren bei Plautus sagt, scheint mir grösstentheils zu unterschreiben oder doch im höchsten Grade fruchtbringend als Grundlage für weitere Untersuchung desselben Gegenstandes. Das von Lachmann zu Lucrez pg. 412 mit Recht gerügte Princip der Ecthlipse in Wörtern wie sine, dolo, malo, und

sogar quidem und enim, hat Ritschl später mit einem
anderen und wie ich denke richtigen, dem Resultat seiner
epigraphischen Studien vertauscht und selbst zurückgezogen
in der Vorrede des II. Bandes seiner opuscula S. X. —
Auch was er über die Gesetze des Rhythmus bei demselben Dichter sagt, hat fast überall meine unbedingte
Zustimmung. Aber das Princip, aus welchem er jene
rhythmischen Gesetze herleitet, halte ich für absolut falsch.

Eine ausführlichere Besprechung des Einflusses des
grammatischen Accentes auf die Metrik des Dichters, die
er in Aussicht gestellt, hat Ritschl nie gegeben. In den
prolegomena Trinummi aber (S. 207) fasst er seine Meinung dahin zusammen, dass zwar das Fundament der
Metrik des altlateinischen Dramas durchaus die Beachtung
der Quantitäten gewesen sei, natürlich mit den Freiheiten,
die sich die Dramatiker mit Rücksicht auf die Aussprache
im Munde des Volkes gestattet hätten, dass aber damit
eine möglichste Berücksichtigung des grammatischen Accentes verbunden gewesen sei. Freilich muss er selbst
(S. 250) von dieser Annahme die anapaestischen Metra
des Plautus und sogar den akatalectischen jambischen
Tetrameter ausnehmen (er hätte auch noch die trochäi-
schen Oktonare, die bacchiischen und kretischen Verse
desselben Dichters ausnehmen können). Aber auch übrigens ist jenes zuerst von Bentley aufgestellte, dann von
Hermann aufrecht gehaltene Gesetz so irrig wie möglich.
Namhafte Anhänger hat Ritschl's Doctrin, mit Ausnahme
Fleckeisen's, wohl kaum gefunden, dagegen von vielen
Seiten Widerspruch, und das von Männern wie Weil und
Benloew, Boeckh und Corssen. Corssen giebt in seinem
Werk „über Aussprache, Vokalismus und Betonung der

lateinischen Sprache" (II. 948 fgdd. d. 2. Ausg.) eine
ausführliche Darstellung der Ansichten neuerer Gelehrten
seit Bentley über die in Rede stehende Frage und zugleich
die Widerlegung der Annahme dieses und seiner Anhänger,
zwar nicht ohne einige Aufstellungen, die zum Widerspruch
reizen könnten, aber übrigens so vortrefflich und gründlich, dass jene Ansicht, die Ritschl allerdings bis zu seinem
Lebensende festgehalten zu haben scheint (man vergl. darüber z. B. noch seine Aeusserungen in der praefatio des
2. Bandes der opuscula, S. XI) als abgethan betrachtet
werden kann.

Für die Scansion Griechischer und Römischer Verse
kommt einzig die Quantität der Silben, also Länge und
Kürze in Betracht, und die Lehrer thun ganz recht, die,
was Bentley verspottete, in den Gymnasien ihre Schüler
lesen lassen:

árma virúmque canó, Troiaé qui prímus ab óris;

μῆνιν ἄειδε, Θεά, Πηλήιαδεω Ἀχιλῆος.

Will man neben dem poetischen Rhythmus noch den
grammatischen Accent hören lassen oder gar diesen ohne
jenen, so verliert man einfach das Metrum. Die Ansicht
Bentley's und seiner Anhänger beruht auf der mangelhaften Fähigkeit, sich aus den modernen Sprachen auf
ein grammatisch, metrisch und syntactisch durchaus ver-
schiedenes Sprachgebiet zu versetzen. Auch grosse Männer
haben ihre Beschränktheit.

Ich verweile auch bei der Sache nur, weil ich im Gegensatz zu allen mir bekannten Gegnern Ritschl's S. 206 meiner
Metrik behaupte, das erste Gesetz der Metrik aller alten
Dichter, der Griechischen wie der Römischen, sei dies gewesen, nicht bloss den grammatischen Accent unbeachtet

zu lassen, sondern den poetischen vielmehr möglichst in
Gegensatz zu diesem zu bringen, grade wie sich wenigstens
die Dichter höherer Kunstgattungen bei allen Völkern
stets bemühen, ihre Sprache von der des gewöhnlichen
Lebens möglichst verschieden zu gestalten. Doch es bedarf nicht einmal dieses Vergleiches: schon das Beispiel
der römischen Satiriker, die doch, wie sie selbst bekannten,
ihre Sprache der Prosa möglichst näherten, beweist un-
widerleglich, wie wenig die Römischen Daktyliker min-
destens auf den grammatischen Accent Rücksicht nahmen.
Freilich gibt dies auch Ritschl (im Gegensatz zu Bentley)
für diese Dichter zu, trotzdem dass am Ende der daktylischen Hexameter von Virgil und Ovid sich eine ganz
ähnliche Uebereinstimmung des poetischen Rhythmus und
des grammatischen Accentes zeigt, wie in der Mitte der
Jamben und Trochäen des Plautus und Terenz. Nun ·
sind aber die rhythmischen Gesetze des römischen Hexameters genau dieselben als die des griechischen; nur dass
die Griechen, theils weil sie überhaupt die Metrik (wie
sogar die Prosodie) freier behandelten als die Römer —
deshalb sagt Martial von ihnen quibus est nihil ne-
gatum —, theils genöthigt oder doch verlockt durch
sprachliche und prosodische Eigenheiten ihrer Sprache,
theils wegen des Beispiels, welches die von ihnen aber-
gläubisch verehrten Homerischen Gedichte boten, die
Rhythmen des Hexameters wenigstens was den Ausgang
betrifft (der auch im Lateinischen etwas minder streng
behandelt wird) weit freier gestalteten als die Römer.
Es ist ja aber eine bekannte Thatsache, dass die Römischen Daktyliker überhaupt alle Gesetze der metra, die
sie von den Griechen übernahmen, weit strenger und conse-

quenter, gelegentlich auch pedantischer, durchgeführt und
aufrecht gehalten haben als die Griechen.

Schon diese Erwägung hätte Ritschl von dem Irrigen
seiner Ansicht überzeugen können. Für die altlateinischen
Dramatiker nun gilt ganz dasselbe rhythmische Princip
als für die Daktyliker. Schon im frühesten Versmass der
Römer, dem Saturnius, zeigt sich, wie Korssen vortrefflich
dargethan, nicht die geringste Berücksichtigung des grammatischen Accentes. Bei den ältesten Dramatikern aber
wie bei allen Daktylikern ist durchaus oberstes Gesetz
des numerus, dass sie mit Ausnahme der Caesur und des
Versendes, über deren Besonderheiten gleich zu sprechen
sein wird, den poetischen Rhythmus möglichst in Disso-
nanz zu dem prosaischen Accent walten lassen. Freilich
erleidet diese Regel bei jenen zahlreiche Ausnahmen,
theils weil die lateinische Sprache bei ihrem Reichthum
an trochaeischen und spondeischen Wortschlüssen und
bei ihrer Barytonesis von selbst weit häufiger die Uebereinstimmung des poetischen Rhythmus und des grammatischen
Accentes mit sich bringt als die griechische, theils weil
oft jenes oberste Princip aus rhetorischen Gründen hinten-
angesetzt ist, theils endlich, weil überhaupt die vorklassischen Dramatiker auf die Verskunst weit weniger Sorgfalt
verwendeten als die Daktyliker und als die Dramatiker seit
Augustus, wie sie sich auch bekanntlich in den Jamben und
Trochäen eine Menge Füsse gestatteten, die von den Griechen
theils gar nicht, theils nur unter grossen Beschränkungen
zugelassen sind. Aber trotzdem steht mir dieses Gesetz
unumstösslich fest, und ich achte es für überflüssig auf
den Umstand hinzuweisen, dass es höchst merkwürdig
wäre, wenn Plautus in anapästischen und anderen Metren,

Ennius in allen daktylischen eine so colossale Revolution
der bisherigen rhythmischen Gesetze des Latein vor-
genommen hätten, als Ritschl meint, ohne dass das Römische Publikum revoltirt hätte und ohne dass darüber
bei den alten Grammatikern auch nur das Geringste ver-
lautete. Und doch haben eben diese die verhältnissmässig
viel geringfügigeren podischen Abweichungen der altlateinischen Jamben und Trochäen von den griechischen
oft behandelt.

Auch die gleichfalls an ein Vorurtheil Bentley's sich
anschliessende Ansicht Ritschl's (proleg. Trin. S. 250 fgdd.),
dass Worte, die den logischen Accent hätten, wie er
sich ausdrückt (richtiger hätte er gesagt: solche, die rhe-
torisch hervorgehoben werden), bei Plautus in der Arsis
zu stehen pflegen, und weder in der Thesis sich verstecken
noch durch Elisionen verschluckt werden, hat mit Recht
Widerspruch hervorgerufen, und ist völlig unhaltbar. Man
muss hunderte, sonst völlig tadelloser Verse im Plautus
ändern, wenn man jenes Gesetz durchführen will, und man
begreift dasselbe nicht, da der grammatische Accent des
Latein auf die logische Substanz der einzelnen Sylben so
wenig Rücksicht nimmt.

Wenn ich so den Principien, von denen Ritschl bei
Behandlung der Rhythmik des Plautus ausging, entschieden
widersprechen musste, so befinde ich mich dagegen in
Bezug auf die rhythmischen Beobachtungen, welche die
Prolegomena Trinummi enthalten, fast durchweg im Ein-
klang, nur erkläre ich dieselben ganz anders.

Der Hauptgesetze der antiken Rhythmik, durch welche
sich nach meiner Ansicht fast alle rhythmischen Erschei-
nungen der griechischen wie der römischen Poesie erklären

lassen, sind zwei. Das eine besteht darin, dass am Ende einer metrischen Reihe, wie sie durch Versschluss oder Cäsur gebildet wird, genau der Rhythmus hervorgebracht werden muss, welchen der Fuss oder die Füsse am Schluss dieser metrischen Reihe erfordern, mag es ein jambischer oder trochaischer, anapästischer oder daktylischer, respective logaödischer sein. Für Erzeugung dieses Rhythmus gilt als erste Regel, dass kein Monosyllabum am Ende der metrischen Reihe stehen darf, falls ein mehr als einsylbiges (nicht pyrrhichisches) Wort vorangeht, ausser wenn die beiden letzten Worte durch genau bestimmte, wenig zahlreiche Fälle der Enklisis oder Proklisis verbunden sind. Ausführlicher ist die Sache dargelegt d. r. m. S. 207—209. Das zweite Gesetz bestimmt, dass, wo statt des ursprünglichen Fusses, sei es durch Auflösung der Arsis oder Thesis oder durch Zusammenziehung der Thesis oder durch welche Freiheit immer Veränderungen eintreten, gewisse rhythmische Gesetze beobachtet werden, welche jene Licenzen motiviren und gleichsam entschuldigen. Man wird das eben Gesagte leicht verstehen, wenn man das vergleicht, was ich im 2. Buch meiner Metrik S. 151—158 über die Auflösung der Arsen und den Gebrauch des Anapästes in den jambischen Versen der Daktyliker sage.

Der Sachverhalt ist also dieser, dass nicht im mindesten der grammatische Accent eines Wortes, sondern einzig sein Umfang an Sylben für die rhythmische Gestaltung eines Verses in Betracht kommt.

Zuweilen haben ferner, wie schon oben bemerkt, die Gesetze der Rhetorik auf den Rhythmus des Verses eingewirkt; auch andere Umstände, zumal der Gebrauch der nomina propria. Man sehe d. r. m. S. 131—136. Doch erscheinen die so bewirkten Ausnahmen geringfügig im Vergleich zu jenen beiden Gesetzen.

Auch um die Erkenntniss des ältesten und wie es scheint bis auf Livius Andronicus einzigen Metrums der Römer, des versus Saturnius, hat Ritschl sich grosse Verdienste erworben, indem er die von Otfried Müller für dasselbe aufgestellten Gesetze beschränkt und berichtigt hat (de titulo Mummiano p. 2). Freilich ist dieses Metrum so schwierig, die erhaltenen Saturnier sind so wenig zahlreich und grossentheils so verderbt, dass eine endgültige Feststellung seiner Gesetze und Licencen auch Ritschl nicht möglich war und vielleicht Niemandem möglich sein wird. Ritschl ging von dem Grundsatze aus, dass wir ein richtiges Bild des Saturnius nur aus den Inschriften gewinnen könnten; und bei der geringen Zahl und starken Verderbniss oder Interpolation der geretteten Saturnier des Livius und Naevius war diese Meinung auch nicht zu verwerfen. Dagegen leuchtet es ein, dass wir leicht von den Inschriften absehen könnten, wenn wir nur hundert Saturnier des Livius oder Naevius in reiner Gestalt vor uns hätten. Denn diese waren schulmässig gebildete Männer: wie es aber mit der Bildung derer stand, welche die inschriftlich erhaltenen Saturnier gedichtet haben, ist unbekannt.

Ich komme jetzt zu dem vierten und letzten Theile der Betrachtungen über Ritschl's Leistungen für Plautus, zur Darstellung seiner Verdienste um plautinische und altlateinische Grammatik.

Die Grundlagen zu einer historischen Grammatik des Latein hat Vossius in seinem unsterblichen Aristarch gelegt. Doch fand er keinen würdigen Nachfolger vor Ritschl. Theils der Mangel an Hülfsmitteln, theils das Fehlen der kritischen Ader verhinderte die Spätern, das von ihm gegebene Beispiel gebührend zu verwerthen.

Ritschl ist der moderne Schöpfer der historischen Grammatik im Latein, indem er stets mit getreuer Beachtung der zuverlässigsten Handschriften und der besten Inschriften, andererseits gestützt auf metrische Observationen, die Geschichte dieser Sprache von ihren Anfängen in der Literatur bis zum goldenen Zeitalter und darüber hinaus verfolgte. Er hat für die lateinische Grammatik zuerst die Inschriften in ähnlicher Weise methodisch verwerthet, wie für Antiquitäten und Geschichte Herr Mommsen. Zeuge davon ist das glänzende Werk: priscae Latinitatis (bis zum Tode des Dictators Caesar) monumenta epigraphica ad archetyporum fidem exemplis lithographis repraesentata edidit Fr. Ritschelius. Berlin 1862.*)

Schon die grossen Philologen des 16. Jahrhunderts, wie Lipsius und Scaliger, hatten die Bedeutung der Epigraphik für die Alterthumsforschung in formaler wie realer Hinsicht erkannt. Allein ihr Beispiel blieb unbeachtet, und Jahrhunderte lang war die Epigraphik zwar nicht ausschliesslich, aber doch meistentheils in den Händen von Dilettanten. Statt des Nutzens, den sie der Wissenschaft hätte leisten können, stiftete sie vielmehr Verwirrung, indem eine Menge gefälschter Inschriften, hauptsächlich Fabrikate des Ligorius, mit den ächten vermischt wurden.

*) Ueber Ritschl's epigraphische Studien, sowie seine Lehrmethode und die Art seines Vortrages handelt vortrefflich mein gelehrter und liebenswürdiger College, Herr Pomjalowsky, im Journal des Ministeriums der Volksaufklärung vom Jahre 1871, Theil CLII. Abth. 3, Seite 33—60. Wir empfehlen Jedem, der sich für Ritschl interessirt, dringend die Lectüre dieses Aufsatzes.

Erst der italienische Epigraphiker Gaetano Marini (1742 bis 1815) brachte Gewissenhaftigkeit und Kritik in die Behandlung der Inschriften, und seit dieser Zeit ist die Epigraphik durch Männer wie Borghesi, Orelli, Kellermann, Mommsen und Henzen immer mehr zur Wissenschaft geworden.

Zur Ergänzung des von der Berliner Akademie der Wissenschaften entworfenen und seit lange in Ausführung begriffenen Corpus Inscriptionum Latinarum gab Ritschl das oben genannte Werk heraus, welches durch die umsichtige Kritik bei Unterscheidung des ächten und unächten, durch die Treue der lithographischen Abdrücke, endlich durch reichhaltige Indices seinem Urheber für alle Zeiten einen Namen unter den ersten Epigraphikern sichert, wie denn selbst Herr Mommsen, bekanntlich kein Freund Ritschl's, bei Gelegenheit des Streits über die Aechtheit der Nenniger Inschriften, Ritschl's Bedeutung in der Epigraphik ehrenvollste Anerkennung zu Theil werden liess.

Leider ist der von Ritschl in Aussicht gestellte commentarius grammaticus nie erschienen, doch ist auch so das Werk höchst wichtig für altlateinische Grammatik. Durch seine Uebungen pflanzte Ritschl die Methode der epigraphischen Disciplin bei dem jüngeren Geschlechte fort, und wie er selbst haben seine Schüler in ihren grammatischen Untersuchungen grossen Nutzen aus der Epigraphik gezogen.

Ich gehe jetzt zu einer Betrachtung von Ritschl's Leistungen für die lateinische Orthographie über.

Die vulgäre Orthographie, wie sie bis tief in dieses Jahrhundert hinein fast durchweg in den Ausgaben der römischen Autoren herrschend war, beruht im Wesentlichen auf den Druckwerken des 15. oder 16. Jahrhunderts, welche meist nach jungen, nachlässig geschriebenen Codices hergestellt waren. Als sich seit dem 17. Jahrhundert grösseres Interesse für Orthographie einstellte, auch die Collationen von Handschriften genauer wurden, äusserten die so gefundenen Resultate doch wenig oder keinen Einfluss auf die gangbaren Ausgaben der Klassiker. Zwar fehlte es seit dem Wiederaufblühen der klassischen Studien zu keiner Zeit an Männern, welche über die Fehlerhaftigkeit der vulgären Orthographie im Klaren waren, allein erst in unserm Jahrhundert, und zwar seit den letzten 30 Jahren, begann man ernstlich, zuerst in gelehrten Ausgaben, später auch in populären, dieselbe zu reformiren. In diesem Bestreben vereinten sich Ritschl und Lachmann. Beide stimmten überein in der Erkenntniss, dass die Zeugnisse der alten Grammatiker für die Herstellung einer verständigen Orthographie von grossem Werthe seien. Im Uebrigen aber differirten sie in der Weise, dass Lachmann hauptsächlich Gewicht legte auf die Zeugnisse der ältesten Handschriften (wobei er willkürlich einige auswählte, andere vernachlässigte), während Ritschl vornehmlich auf die zuverlässigsten Inschriften die Reform der Orthographie basiren wollte. Die Wahrheit liegt hier wirklich in der Mitte: wir können zu dem besagten Ziele weder der Handschriften noch der Inschriften entbehren. Wenn die Inschriften für die älteste Zeit des Latein (bis auf Cäsars und Ciceros Tod) wichtiger sind, weil uns für diese Epoche die Handschriften und die Zeugnisse der Grammatiker vielfach im Stich lassen, so sind die Handschriften, d. h. die ältesten und besten, (die ältesten steigen etwa bis ins 4. Jahrhundert hinauf)

desto wichtiger für die Orthographie seit der Kaiserzeit,
schon weil sie einen weit reicheren und mannigfaltigern
Sprachschatz bieten als die Inschriften (von denen noch
dazu viele zweifelhaft), und ersichtlich meistentheils nach
den orthographischen Grundsätzen tüchtiger Grammatiker
abgefasst sind, (während die Inschriften sehr häufig von
ungebildeten Verfassern herrühren). Das im späteren
Alterthum herrschende System der lateinischen Orthographie beruht im Wesentlichen auf den Bemühungen der
Gelehrten im 1. Jahrhundert n. Chr., und dieses System
haben auch wir zu befolgen. Nur ist es räthlich, die so
gewonnenen Resultate der Wissenschaft langsam, zunächst
nur wo sie vollkommen sicher sind, in die Praxis des
Schulgebrauchs überzuführen. Uebrigens stimmen die
Zeugnisse der ältesten und besten Handschriften und der
ächten und zugleich sorgfältig gemeisselten Inschriften
meist genau überein.

Dass wir im Stande sind, die römische Orthographie
fast bis zur Zeit des Cicero, Virgil und Horaz genau zu
controliren, und sie von dem Stadium der grössten Blüthe
des Latein bis zur Entartung der Sprache ohne Unter-
brechung zu verfolgen, verleiht diesen Studien einen eigen-
thümlichen Reiz, dessen die Beschäftigung mit griechischer
Orthographie entbehrt.

Unermüdlich in seinen Bestrebungen das Gebiet der
lateinischen Grammatik zu bereichern und zu erweitern,
lenkte Ritschl ferner wieder die Aufmerksamkeit der gelehrten Welt auf die lateinischen Glossarien, deren Wichtigkeit für Erkenntniss des Latein, zumal des alten, gelegentlich auch für die Kritik der Texte schon frühere
Philologen, z. B. Ruhnken geahnt hatten, die aber seit

dem 17. Jahrhundert ziemlich unbeachtet geblieben waren. Und doch giebt es kaum ein Gebiet der lateinischen Sprachforschung, wo soviel altes und treffliches handschriftliches Material zu Gebote stände als hier. Wie man mit Glossarien umgehen müsse, zeigte Ritschl in der mustergültigen kleinen Abhandlung über ein plautinisches Glossarium. Seit dieser Zeit haben Schüler von ihm mit Erfolg einzelne Gebiete der Glossographie behandelt, resp. einzelne werthvolle Glossarien bekannt gemacht und verwerthet. Was dringend zu wünschen bleibt, ist die Ausgabe eines „corpus glosarum Latinarum", gestützt auf die reichen Schätze der Pariser, Leydener, Römischer und anderer Bibliotheken, freilich ein Riesenwerk, dem die Kraft, vielleicht auch die Geduld eines einzelnen schwerlich gewachsen ist. Jedenfalls gehört dazu ein völlig reifer Gelehrter, der einerseits in der römischen Literatur gehörig bewandert ist, um wirkliche Beziehungen auf dieselbe von scheinbaren zu unterscheiden, andererseits der Aufgabe gewachsen ist, soweit dies möglich, die Reste wirklich vorklassischer Latinität von den häufig nur zu ähnlichen des vulgären oder provinzialen und des spätesten Latein abzusondern.

Auch auf die Reste der antiken Stenographie, die s. g. notae Tironianae, lenkte Ritschl zuerst wieder die Aufmerksamkeit der Philologen, indem er zugleich auf ihre Wichtigkeit in sprachlicher Hinsicht, zumal auch in Beziehung auf das vorklassische Latein hinwies. Es ist bekannt, dass einer seiner besten Schüler seit längerer Zeit unablässig an Sammlung und Neugestaltung der vielfach zerstreuten handschriftlichen Reste der notae Tironianae arbeitet.

Dass ferner Ritschl die lateinischen Grammatiker,
Metriker und Scholiasten gebührend in Betracht zog und
sehr häufig durch neue und feine Beobachtungen erläuterte
und verwerthete, bedarf kaum der Erwähnung.

Auf Ritschl's Anregung hat einer seiner vortrefflichsten
Schüler eine, jetzt beinahe abgeschlossene, Ausgabe der
lateinischen Grammatiker und Metriker, die in letzter
Instanz auf die Studien der Gelehrten des 1. Jahrhunderts
vor Christus, und noch mehr des folgenden Jahrhunderts
zurückgehen, unternommen, welche, wenn sie auch in
Hinsicht der Kritik, die zu conservativ ist, manches zu
wünschen lässt, durch die Fülle des kritischen Apparats,
die Sorgfalt, den Fleiss und den Scharfsinn des Verfassers
der Wissenschaft einen sehr grossen Dienst geleistet, und
die Ausgabe von Putschius völlig antiquirt hat.

Einer so vielseitigen Quellenkunde entsprachen die
gewonnenen Resultate, die theilweise der glänzendsten
Art waren.

So ist z. B. die Beobachtung über die ursprüngliche
und bei Plautus noch vorhandene Länge verschiedener
Endsilben, die bei Ennius und den Daktylikern immer
verkürzt werden, nachträglich durch die Resultate der
sprachvergleichenden Grammatik bestätigt worden. Nur
hätte man bei diesen Untersuchungen Ritschl's, wie bei andern, zuweilen strengere Scheidung der Zeiten und der Autoren, besonders der Sceniker und Daktyliker wünschen
können (vgl. d. r. m. 324 fgd.). Auch Ritschl's Forschungen
über den Vocalismus des alten Latein sind wohl allgemein recipirt. Vortrefflich ist von ihm in den epigraphischen Briefen
und sonst, mit stetem Hinweis auf die Inschriften, dargelegt, wie ohne die Bemühungen der Sceniker seit Livius

und zumal der Daktyliker seit Ennius die lateinische
Sprache nothwendig der formalen Entartung hätte anheim-
fallen müssen. In der That verdankt sie es theils den
Dramatikern, besonders aber dem gewaltigen Beispiel und
stets wachsenden Einfluss des Ennius, dass jener Process
der lautlichen Versumpfung, der viel später in den roma-
nischen Sprachen seinen Ausdruck fand, nicht schon lange
vor Cicero eingetreten. — Es war dabei eine glückliche
Fügung oder vielmehr historische Nothwendigkeit, dass
die ältesten lateinischen Poeten auch zugleich Grammatiker
waren.

Ferner sind eine Menge Wortformen, die früher unbekannt waren oder doch für einfache Schreibfehler
galten, durch Ritschl's oder seiner Schüler Bemühungen
theils als die allein richtigen, theils wenigstens als wohl-
berechtigte hingestellt worden, andererseits nicht wenige
falsche, aber durch Tradition und Aberglauben geheiligte,
ausgemerzt. Ebenso verdanken wir Ritschl neue Aufschlüsse über die mannigfachen Wandlungen der in das
Latein recipirten graeca. Seine Untersuchungen über die
orthographischen Neuerungen des Accius und des Lucilius
Verhältniss zu diesen haben mir die erspriesslichsten
Dienste bei Behandlung des neunten Buches der Lucilischen
Satiren geleistet. Einen ausführlichen Bericht über die
älteren Forschungen Ritschl's zur lateinischen Sprach-
geschichte, aus der Feder eines seiner Schüler, findet
man in den philologischen Jahrbüchern von 1857 und 58,
S. 305—324, 177—213.

Natürlich kam die Mehrzahl der gewonnenen Resultate
zunächst dem Plautus zu Gute oder ging doch aus von
Plautus (bei dem, beiläufig gesagt, die archaischen Formen

des Latein meist sich treuer im codex vetus als in dem
viel älteren Mailänder Palimpsest erhalten haben).

Viel Beifall, aber auch viel Widerspruch hat die
von Ritschl in den geistvollen „Plautinischen Excursen"
(Leipzig 1869) versuchte Wiedereinführung des s. g.
paragogischen „d" als Zeichen des ablativus singularis,
der Adverbien und Präpositionen auf a, o, u, e und der
Imperative auf o erfahren. Ich gestehe, dass ich mich
gegen diese Ansicht, so bestechend sie ist, sceptisch ver-
halte, da das schnelle Verschwinden des auslautenden d
aus der Litteratur und den Inschriften durch phonetische
Gründe, sowie das Bestreben, das Latein dem verwandten
Griechisch thunlichst zu assimiliren sich so leicht und
gefällig erklären lässt. Der confusen Annahme eines Ritsche-
lianers von einem schriftlich verschwundenen, aber phone-
tisch nachwirkenden „d" will ich ganz geschweigen. Freilich erledigen sich unbestreitbar durch Einführung des
„d paragogicum" sowie durch Wiederbelebung der alten
Nominativendung der zweiten Declination auf is, (die
jedenfalls aus inschriftlichen Zeugnissen weit grössere
Probabilität für Plautus gewinnt), durch Herstellung des
Genetivs und sogar Nominativs auf as in der ersten und
durch andere Mittel eine Menge metrischer Schwierigkeiten im Plautus, zumal viele Hiatus; aber eben so sicher
ist es, dass die zahllosen und argen Verderbnisse des
Plautinischen Textes gar manchen Versuchen der Emendation einen scheinbaren Halt gewähren, die bei ge-
nauerer Prüfung sich als unwahrscheinlich oder doch sehr
problematisch erweisen. Natürlich gilt dies ebenso für
Hypothesen, die sich ausschliesslich auf die handschriftliche Ueberlieferung stützen (welche übrigens beiläufig

gesagt, dem „d paragogicum" wenig oder gar keinen
Anhalt gewährt). Lässt sich doch aus dem Plautus, wie
Herr C. F. W. Müller bemerkt, sogar die Verlängerung
der ersten Silbe in „homo" durch eine stattliche Menge
Beispiele demonstriren.

Wie in kritischer und in metrischer Hinsicht, wird
sich auch in grammatischer der Text des Plautus nie zum
Abschluss bringen lassen, und der Mann, der am meisten
für Plautus geleistet, hat auch am klarsten, noch zuletzt
in den plautinischen Excursen, die grossen Schwierigkeiten,
die sich einer Reconstruction der Plautinischen Komödien
entgegenstellen, dargelegt. Insofern aber, als Ritschl
theils selbst Bewunderungswürdiges geleistet, theils Andern
die Wege gezeigt hat, auf denen sie in der Erkenntniss
des Plautus fortschreiten sollen, kann er mit Recht der
„sospitator Plauti" genannt werden.

Freilich wird grade auf dem Gebiet der archaischen
Latinität der Spruch „dies diem docet", den Ritschl bei
seinen Plautinischen Studien so oft bestätigt gefunden und
dessen Wahrheit er selbst freimüthig anerkannt hat, sein
Recht behalten, und noch viele Zeit wird vergehen, ehe
wir auf dem eben bezeichneten Felde zu relativer Sicherheit gelangen werden: denn zu absoluter zu dringen erscheint oft unmöglich.

Zu bedauern ist es, dass, angeregt durch Ritschl's
grossartiges Beispiel, die Schriftstellerei der Philologen
sich in ähnlicher Weise auf Plautus geworfen hat, als auf
Lucretius seit der Ausgabe Lachmanns und in neuester
Zeit auf Lucilius. Ritschl selbst beklagte dies. Dadurch
ist die Literatur für Plautus fast unübersehbar und,
grösstentheils, so ungeniessbar geworden, wie mit einer

Anzahl rühmlicher Ausnahmen, die gleich breite über die homerische Frage. Ich möchte rathen, einstweilen, wenigstens bis der vollständige kritische Apparat zu Plautus von Prof. Studemund sowie die neue Ausgabe des Nonius vorliegen, den Plautus in Ruhe zu lassen.

Bei dieser Gelegenheit bemerke ich, dass noch manches für Plautinische Grammatik und Metrik aus den spätlateinischen Autoren zu gewinnen ist. Denn das nachklassische Latein, zu welchem den Uebergang machte das plebejische Latein der Provinzialen und im 2. Jahrhundert n. Chr. die archaisirende Periode der Frontonianer, hat sehr viel Verwandtschaft mit dem vorklassischen. Es liegen aber die Autoren der letzten Periode der römischen Literatur bekanntlich sehr vernachlässigt, und ihr Gebiet ist noch fast gänzlich terra incognita. Eine gründliche Beschäftigung mit ihnen, für die soviel altes und treffliches handschriftliches Material vorhanden, würde der Philologie mehr nützen als das ewige Aufrühren von Fragen, deren auch nur annähernd richtige Beantwortung zur Zeit oftmals noch gar nicht möglich ist.

Bevor ich von Ritschl's Plautinischen Studien und dem was sich daran knüpfte, Abschied nehme, spreche ich den Wunsch aus, dass von einem einsichtigen Schüler des Verstorbenen seine Vorlesungen über lateinische Grammatik möglichst bald herausgegeben werden, ehe die guten Handschriften verschwinden oder gar literarischen Piraten in die Hände fallen. Nach allem was mir daraus bekannt ist, werden sie der Wissenschaft höchst förderlich sein.

Auch ausserhalb des Gebietes der archaischen Latinität hat sich Ritschl oft, und häufig mit Glück, noch

häufiger mit Geschick bewegt. Gleichwohl erkennt man
leicht, wann er mit den augusteischen, und noch mehr,
wann er mit den späteren Dichtern sich beschäftigt, dass
er auf einem ihm minder vertrauten und minder sym-
pathischen Gebiet operirt. Noch mehr gilt dies — beiläufig gesagt — für die meisten seiner Schüler. Ueberhaupt ist der Unterschied zwischen den frühern Dramatikern des alten Rom's und den daktylischen Dichtern
so gross, dass es fast wie ein Wunder erscheint, wenn
ein Kritiker beide Gebiete mit gleicher Gewandtheit be-
herrscht. Bei jenen fängt man äm besten mit der socra-
tischen professio ignorantiae an. Die Gesetze der Daktyliker hingegen sind seit Virgil, Horaz, Ovid, zum mindesten
was die Metrik und Grammatik betrifft, im ganzen so ge-
sichert, wie nur irgend ein Theil der exacten Wissenschaften.
Man ersieht dies recht deutlich, wenn man Ritschl's prolegomena zum Trinummus mit Lachmann's Commentar zu
Lucrez vergleicht. — In diesem sind die meisten gramm-
matischen und metrischen Beobachtungen so zweifellos,
dass sie fast unverändert von späteren Grammatikern
und Metrikern recipirt werden konnten. Ritschl's prolegomena enthalten auch genug des Positiven, aber nicht
minder viel, was hauptsächlich deshalb wichtig ist, weil
es den Anlass gab zu neuen, ergänzenden, berichtigenden,
widerlegenden Untersuchungen.

Im übrigen hatte er für Sprachen einen weitschauenden
Blick und ein lebendiges Interesse. Als ihn amtliche Beziehungen mit Russland vereinten, bedauerte er mir gegenüber, dass ihn seine vorgerückten Jahre am Erlernen der
russischen Sprache hinderten, und vorher, als ich nach
Petersburg berufen wurde, rieth er mir dringend, das

Russische eifrig zu studiren, indem er hinzufügte, dass man mit jeder neuen Sprache zugleich einen neuen Ideenkreis gewinne.

Bedarf es noch der Erwähnung, dass ein solcher Mann, auch wo er sich mit Fragen der realen Philologie beschäftigte, meist mit Glück oder Geschick operirte? Die Bedingungen zu erfolgreicher Forschung auf dem Gebiet der realen Philologie sind doch ganz dieselben wie auf dem der formalen: scharf logisches Denken, genaue Sprachkenntniss, gründliches Studium und methodische Klassifikation der Quellen, endlich die induktive Methode, die nicht aus vorgefassten Meinungen ein ganzes System construirt, sondern durch genaue Feststellung der einzelnen Probleme allmälig ein harmonisches Bild der Gesammtheit einer Disciplin oder eines bestimmten Theiles derselben zu erlangen strebt.

Dass Ritschl auch gelegentlich Fragen der Archäologie bearbeitete, ward schon oben erwähnt. Bekannt ist sein Ausspruch: sine philologiae luce caecutire archaeologiam, d. h. dass ohne genaues, von gründlicher Sprachkenntniss unterstütztes Studium der alten Schriftsteller alle Forschungen über die Kunst der Alten eitel seien. Man weiss, um nur ein Beispiel, aber ein glänzendes, für die Wahrheit jenes dictum anzuführen, welchen Antheil an der Reconstruction des einen Parthenon-Giebels, die wir dem ingenium eines berühmten Archaeologen dieser Stadt verdanken, die philologisch mustergültige Behandlung einiger Verse aus dem sechsten Buch von Ovid's Metamorphosen hat.

Ritschl's Arbeiten sind theils deutsch abgefasst, theils lateinisch, und er behandelte beide Sprachen mit gleicher Sicherheit und Eleganz. Leider kann man dies nicht von

allen seinen Schülern sagen. Ueberhaupt hat die Kunst
des lateinischen Stiles während des letzten Jahrzehnts in
Deutschland sehr bedauernswerthe Rückschritte gemacht,
hauptsächlich wohl durch Schuld der Berliner, einseitig auf
Römische Inschriften und Alterthümer gerichteten Schule,
und habe ich oft darüber Klagen einsichtiger Pädagogen
gehört, die mit Recht von dieser Nachlässigkeit Schaden
für die Jugendbildung befürchteten.

Beinah lächerlich fürchtete ich zu scheinen, den augen-
blicklichen Stimmführern gegenüber, durch Empfehlung
einer, natürlich verständigen und massvollen, Wiederauf-
nahme der gegenwärtig fast überall auf den Gymnasien
darniederliegenden Lateinischen Versification, die dem
künftigen Latinisten fast unerlässlich, allen Schülern aber
zum leichteren und tieferen Verständniss antiker Sprache
und Poesie recht fördersam ist, wenn ich nicht in einer
Biographie Ritschl's diesen Rath ertheilte. Nun aber kann
ich mich auf seine gewichtige Autorität berufen (op. philol.
II, 677, 8).

Bevor ich mich zu Ritschl's pädagogischer Thätigkeit
wende, gedenke ich noch seiner Verdienste als Heraus-
geber des Rheinischen Museum für Philologie, das er seit
1842 mit Welcker, gelegentlich im Verbande mit einzelnen
Schülern, redigirte. Sein besonderes Augenmerk hierbei
war, wie er mir sagte, gerichtet auf möglichste Mannigfaltigkeit des Inhalts, hinsichtlich dessen er den Vers citirte:
wer Vieles bringt, wird Manchem etwas bringen. Deshalb wurde auch solchen Ansichten, die Ritschl persönlich
nicht sympathisch waren, in liberaler Weise Spielraum gewährt. Dass übrigens auf möglichste Gediegenheit gesehen
wurde, braucht nicht bemerkt zu werden: nur versteht es

4*

sich, dass Zeitschriften nicht so streng in der Wahl des
dargebotenen Stoffes sein können, als der einzelne Gelehrte
sein muss, wenn er seine zerstreuten Schriften sammelt.
Jenen beiden Tugenden nun verdankt es das Rheinische
Museum, dass es bis zur Stunde als das erste philologische
Journal Deutschlands dasteht.

Ich schliesse hiermit die Betrachtungen über Ritschl's
wissenschaftliche Arbeiten und wende mich zu dem letzten
Theil meiner Aufgabe, der Schilderung seiner pädagogischen
Thätigkeit. *)

Um eine Schule zu gründen sind zwei Dinge nöthig, be-
deutende, allgemein anerkannte wissenschaftliche Leistungen
— da nur diese die nöthige Autorität gegenüber dem häufig
sehr früh hervortretenden Scepticismus der Studenten zu
verschaffen im Stande sind — und pädagogisches Talent.
Wir haben gesehen, dass die erste Bedingung bei Ritschl
reichlich erfüllt war; betrachten wir jetzt, wie es mit der
zweiten stand.

Zunächst ist an Ritschl hervorzuheben eine ausgezeichnete Gabe des mündlichen Vortrags. Seine Vorlesungen waren klar ohne trivial, interessant ohne ober-
flächlich, belehrend ohne langweilig zu sein. In Bezug

---

*) Ritschl's pädagogische Methode ist oft genug von Freunden
und Feinden besprochen worden. Als die oben erwähnten Streitigkeiten zwischen ihm und Jahn sich abspielten, erschienen mehrere
Brochuren, welche die Lehrthätigkeit der beiden Gegner im Interesse
des Einen oder des Anderen kritisirten, nämlich von W. Brambach:
„Das Ende der Bonner Philologenschule" und „Friedrich Ritschl
und die Philologie in Bonn" und zwischen beiden von einem
Anonymus „Das philologische Studium in Bonn". Ich folge durchweg meinen eigenen Informationen und Anschauungen.

auf Citate hielt er eine verständige Mitte zwischen dem
Unwesen holländischer Philologen heutiger Zeit, die fast
nie citiren, und dem Unwesen vieler deutscher Philologen
jeder Zeit, die durch eine Sündfluth von Citaten das beste
Collegium ungeniessbar zu machen verstehen.

Es versteht sich von selbst, dass bei Ritschl's Collegien
die Probleme der formalen Philologie ausführlicher behandelt wurden als die der realen. Mit besonderer Vorliebe verweilte er ferner bei der Erklärung oder Verbesserung schwieriger oder verderbter Stellen.

Was den Inhalt seiner Vorlesungen betrifft, so hätte
man vielleicht eine grössere Mannigfaltigkeit wünschen
können. Besonders scheint es mir zu bedauern, dass er
niemals (oder doch fast nie) die Geschichte der römischen
Literatur gelesen hat, von der er gewiss ein lebensvolles,
an neuen Anschauungen reiches Bild den Zuhörern ent-
worfen haben würde. Theils Rücksicht auf seine Collegen,
theils Ueberhäufung mit Arbeiten scheint ihn veranlasst
zu haben, die Zahl seiner Lectionen zu beschränken. Seine
Vorlesungen während der Blüthezeit in Bonn und seit seiner
Uebersiedelung nach Leipzig umfassten hauptsächlich En-
cyclopädie der Philologie, lateinische Grammatik, Metrik
der Griechen und Römer, Interpretation des Plautus,
Aeschylus, Aristophanes, Dionysius von Halikarnass.

Wenn Ritschl's Vorträge wegen der oben geschilderten
Vorzüge eine zahlreiche Zuhörerschaft anzogen, zuweilen
über 200, so entfaltete sich doch sein pädagogisches
Talent noch glänzender in seinem Seminar, sowie in den
Uebungen, die er privatissime mit lernbegierigen Studenten
hielt.

Die Einrichtung der philologischen Seminare in Deutsch-

land ist folgende. Meist leiten zwei Directoren ein
Seminar, einer die Uebungen im Griechischen, ein anderer
die im Lateinischen. Die Arbeiten der, meist in vorgerückten Semestern befindlichen, Mitglieder bestehen theils
in der Interpretation eines Autors, welchen der Leiter des
Seminars bestimmt, theils in Disputationen über schwierige
oder verderbte Stellen der verschiedensten Autoren, theils
in schriftlichen Arbeiten, die sich meist mit grammatischen,
metrischen, kritischen Fragen, seltener mit literarhistorischen,
am seltensten mit Realien befassen. Diese werden dann von
einem sogenannten Opponenten recensirt unter Leitung des
Professors. Die Wahl des Stoffes der Disputationen und
der schriftlichen Arbeiten ist meist dem Belieben der
Studirenden anheim gestellt. Die Sprache bei allen diesen
Uebungen war früher durchweg lateinisch. Leider hat in
neuester Zeit dies mehrfach dem Deutschen weichen müssen.
Auch in Ritschl's Seminar wurde auffälligerweise öfters
deutsch disputirt. Die Bemerkungen des Professors sind theils
sachlichen, theils stilistischen Inhalts. Dass ein Mann wie
Ritschl grade auch der stilistischen Seite gebührende Aufmerksamkeit zuwandte, braucht kaum bemerkt zu werden.

Was nun weiter den Inhalt der Uebungen betrifft,
die Ritschl mit den Studirenden anstellte, so hat derselbe allerdings keine neue kritische Methode für die Behandlung von Fragen der formalen Philologie erfunden,
wie schon oben auseinandergesetzt. Dagegen hat er der
philologischen Thätigkeit manche neue Gebiete erschlossen,
auf welchen dann auch seine Schüler sich mit besonderem
Eifer bewegt haben. Für die Versuche der Emendation
von Texten war es freilich kein Vortheil, dass Ritschl's
kritische Thätigkeit von Plautus ausging, da der heillos

verderbte Plautinische Text oft Gewaltsamkeiten der Kritik
rechtfertigt oder doch entschuldigt, die bei andern weit
weniger verderbten Autoren, z. B. Virgil oder Horaz oder
Juvenal, nicht zu dulden sind. Um so wohlthätiger war
Ritschl's Einfluss in Bezug auf die methodische Feststellung
von Verderbnissen, sowie auf Exegese, grammatische,
metrische und literarhistorische Untersuchungen. Mit Recht
rühmt desshalb der Verfasser der Schrift „Das philologische Studium in Bonn", obwohl er mehr auf Jahn's
Seite steht, die eminente pädagogische Befähigung, die
wunderbare Lehrgabe Ritschl's, durch die es ihm gelang,
die allgemeinen Gesetze gesunden Denkens in der Anwendung auf grammatische und kritische Fragen den philologischen Anfängern deutlich zu machen, durch unerbittliche
Strenge gegen jede Halbheit im Denken und Forschen
Fleiss und Scharfsinn anzustacheln und den Studenten zu
zwingen jeder Frage auf den Grund zu gehen und nicht
eher zu ruhen als bis jeder lösbare Zweifel gelöst war.
Denn Ritschl's Grundsatz und Lieblingsspruch war der Vers
des römischen Dichters: „nil tam difficile est, quin quae-
rendo investigari possiet". Die Schärfe des Urtheils, die
Herrschaft über die Sprache, die Lebendigkeit des Geistes,
ferner die Gabe auf die Gedanken eines Anderen einzugehen, sie zur Klarheit zu bringen und auf den richtigen
Weg zu leiten, zogen immer von Neuem strebsame Philologen, ja selbst gelegentlich Studirende anderer Facultäten,
zu Ritschl's seminaristischen Uebungen hin. Seine Methode
bei Behandlung wissenschaftlicher Fragen war, wie einer
seiner Schüler vortrefflich bemerkt, im Wesentlichen dieselbe, wie wir sie bei den feinsten Denkern des Alterthums,
Aristoteles, Plato, Horatius finden.

Natürlich kann auch die beste Methode nur bei talentvollen Schülern Früchte tragen, ebenso wie die Kenntniss aller Gesetze der Logik unfruchtbar bleibt, wenn der Kopf nicht zum logischen Denken befähigt ist. Nun besass aber Ritschl die Gabe, mochte auch zuweilen ein Irrthum unterlaufen, bei seinen Schülern die besonderen Talente und Neigungen jedes Einzelnen zu entdecken und anzuregen, Jeden auf ein für ihn besonders geeignetes Feld wissenschaftlicher Thätigkeit hinzuführen, die Trägen anzuspornen. Zur Förderung dieses Zweckes dienten ihm auch die Preisaufgaben, welche nach dem usus der preussischen Universitäten in Bonn jährlich gestellt wurden. Durch solche ist z. B. von ihm angeregt die gründliche Untersuchung der Fragmente der XII Tafeln und des Ennius, die kritische Behandlung der Rheinischen Inschriften, der Prologe des Terenz und Plautus, der grammatischen Arbeiten des Kaisers Claudius und manches andere.

Begreiflich überwog bei allen diesen Uebungen das Lateinische, und Ritschl's Einfluss zeigte sich am vortheilhaftesten auf den Gebieten, die ihm besonders eigen waren. Doch boten die eben geschilderten Vorzüge seiner pädagogischen Methode jüngern Philologen die Möglichkeit auch in anderen Theilen der Wissenschaft mit Glück zu arbeiten. Auch zählt Ritschl unter seinen Schülern manchen tüchtigen Gräcisten. Selbst unter den Sprachvergleichern sind Schleicher und Curtius von Ritschl's Schule ausgegangen. Endlich haben sich mehrere Ritscheliander erfolgreich mit Fragen der realen Philologie beschäftigt. Dass gleichwohl sich seine Schüler meist am glücklichsten auf den von Ritschl selbst cultivirten oder ihnen von Ritschl angewiesenen Gebieten bewegten, erklärt sich leicht

daraus, dass überhaupt die menschliche Natur, wenn man
von einzelnen Ausnahmen absieht, am sichersten dann
arbeitet, wenn die ihr zufallende Arbeit genau begrenzt
ist. Darum lässt es sich auch begreifen, dass bei manchen
derselben die ersten Arbeiten, wo ihnen Ritschl noch selbst
die Hand führte, die besten sind. Andererseits ist es nicht
zu verwundern, dass zuweilen Entdeckungen Ritschl's, z. B.
die symmetrische Responsion in manchen Dialogpartieen
des antiken Dramas, indem man sie ungeschickt ander-
weit anwendete, in Misskredit kamen und übel statt gut
wirkten.

Schliesslich bedarf es kaum der Erwähnung, dass
Ritschl gebührend bedacht war, seine Schüler auch mit
den äusseren Kunstgriffen der Kritik, den Gesetzen der
Palaeographie in Handschriften und Inschriften bekannt zu
machen, wie er auch seine weitreichenden Verbindungen
gern benutzte, um jungen Philologen das zu ihren Arbeiten
erforderliche handschriftliche und inschriftliche Material zu
beschaffen.

Man hat Ritschl vorgeworfen, dass er das Studium
seiner Schüler auf einen verhältnissmässig sehr engen Kreis
von Schriftwerken des Alterthums concentrirt habe, dass
dadurch ihr Gesichtskreis eng geworden sei, und dass
überhaupt die wenigsten derselben sich durch umfangreiche Kenntniss der klassischen Literatur ausgezeichnet.
Diese Vorwürfe sind in Bezug auf die Mehrzahl richtig;
doch trifft dabei Ritschl nur in soweit Schuld, als er wohl
den Kreis seiner Vorlesungen mehr hätte ausdehnen können.
Für die Interpretation im Seminar kann selbstverständlich
in jedem Kurse nur ein, an Umfang beschränktes, Werk
in Betracht kommen, falls dieselbe Frucht bringen soll. In

Bezug auf jene hat volle Wahrheit der Spruch des jüngeren
Plinius, man müsse multum, nicht multa lesen. Dagegen für die Disputationen und die schriftlichen Arbeiten
der Studenten stand die Wahl des Stoffes in jedes Einzelnen Belieben. Wenn nun, wie unleugbar der Fall ist,
viele Schüler Ritschl's ungenügende Belesenheit in den
klassischen Autoren oder geringe Kenntnisse in den Realien
gezeigt haben, so liegt dies lediglich daran, dass sie theils
auf der Universität, besonders in den ersten Semestern,
wo sie noch nicht an Ritschl's Seminar participirten, theils
später, als sie die Universität verlassen, ihre Kenntnisse
nicht in wünschenswerther Weise ergänzt haben.

Gewichtiger ist ein anderer Vorwurf, des Inhalts, dass
in Ritschl's Schule die jungen Leute zu früh zur Pro-
duktion angeregt seien, dass sie, statt die gesicherten
Resultate anerkannter Gelehrten in sich aufzunehmen, zu
rasch darauf erpicht gewesen seien, selbst Neues zu finden,
dass sie oft in sehr jungen Jahren sich auf die Bearbeitung
eines Autors oder gar, wenn dieser zu umfangreich, eines
Buches concentrirt hätten, ohne sich weiter viel um die
übrige Philologie zu kümmern, und so nothwendigerweise
einseitig und beschränkt geworden seien. Dass dies nicht
selten der Fall gewesen, lässt sich unmöglich leugnen.
Allein ich glaube, dass man das Urtheil meines Collegen
Pomjalowsky unterschreiben muss, der S. 59 seines oben
in der Anmerkung citirten Aufsatzes Ritschl nur in soweit
Schuld giebt, dass er meint, dieser sei nicht immer vorschnellen oder einseitigen Produktionen mit der nöthigen
Energie entgegengetreten.

Dieser Tadel gilt besonders für die 6 Bände „acta
societatis philologae Lipsiensis", in denen Ritschl von

1871—76, wie vor ihm öfters Leipziger Professoren, zuletzt Curtius, Abhandlungen jüngerer Männer herausgab, die er zu einer philologischen Gesellschaft vereinigt hatte. Wenn dies Unternehmen einerseits ein Zeugniss ablegt von Ritschl's regem Interesse für seine Schüler und der mächtigen Wirkung, die er auch in vorgerückten Jahren auf die Jugend ausübte, so halte ich andererseits solche Sammelwerke, wie sie jetzt in Deutschland beliebt sind, für höchst bedenklich, oder vielmehr verfehlt. Mag auch den Professor, der das Ganze leitet, immer der aufrichtigste Wunsch, die Wissenschaft ernstlich zu fördern, alles Mangelhafte auszuscheiden, beseelen, so ist es doch für einen Einzelnen bei dem heutigen so grossen Umfang der Philologie und bei der Ueberhäufung mit Geschäften, unter der die deutschen Professoren leiden, gar nicht möglich, überall die vorschnellen oder mittelmässigen Arbeiten immer gebührend zurückzuweisen, ganz abgesehen davon, dass überhaupt Werke von dauerndem Werthe sich nicht durch fremde Anregung oder günstige Gelegenheit zum Druck hervorzaubern lassen, sondern nur aus dem eigenen, unmittelbaren Drange bevorzugter Naturen hervorgehen. Oft erweckt es auch ein schädliches Selbstvertrauen bei jungen Leuten, wenn sie unter der Aegide eines berühmten Gelehrten zuerst dem Publikum vorgeführt werden. Sie meinen, sie wären schon etwas, während sie doch noch nichts sind, und massen sich Urtheile über anerkannte Gelehrte an, von denen sie lediglich zu lernen haben. Der wirkliche Ruhm ist eine Pflanze, die sehr langsam gedeiht, und man erreicht ihn nur durch viele Mühen und Opfer, gemäss dem alten Spruch: eruditionis radices amarae, fructus dulces. Ritschl selbst ist erst nach

seinem 40. Jahre berühmt geworden. Der eben über
Sammelwerke dieser Art ausgesprochene Tadel gilt auch
für Ritschl's acta. Dass dieselben vieles Gutes, einiges
Vortreffliche enthalten, wird bei Ritschl's eminentem pädagogischem Takt und Einfluss auf die Jugend nicht
wunderbar scheinen; aber ebenso wenig mangelt es an
halbreifen oder mittelmässigen, ja ganz verfehlten Arbeiten.
Das Gute in den acta würde auch ausserhalb derselben
sein Publikum gefunden haben. Ritschl selbst aber würde
ohne die Herausgabe der acta viel Zeit übrig gehabt
haben, und er hätte die Gelegenheit gefunden, den 3.
und 4. Band seiner opuscula, bereichert mit zeitgemässen
Zuthaten, herauszugeben, die nun in Zeitschriften und
Programmen zerstreut liegen. Dafür würde ihm die Wissenschaft viel dankbarer sein als für die acta.

Noch möchte ich auf eine Eigenheit der Schule
Ritschl's aufmerksam machen, die nicht ganz ohne Ritschl's
Schuld entstanden, ich meine ihre Vorliebe für Behandlung von Fragmenten. Dass Ritschl zu dieser gern er-
munterte, erklärt sich freilich leicht, da seine Studien
ihren Mittelpunkt hatten in der vorklassischen Latinität,
die ausser den Comödien des Plautus und Terenz fast
nur einen grossen Trümmerhaufen bildet. Auch ist die
Neugestaltung von Fragmenten sehr verführerisch für
junge Gelehrte, insofern jene meist ein weit umfang-
reicheres Feld für geistreiche oder bestechende Combina-
tionen bieten als vollständig erhaltene Werke, selbst abgesehen dass sie meist weniger durchackert sind als diese.
Aber nirgend hat man sich auch mehr zu hüten vor
Spitzfindigkeiten und Hariolationen, vor gewagten Conjecturen und Willkürlichkeiten, vor Vernachlässigung

der metrischen und prosodischen Observanzen, als bei
der Bearbeitung von Fragmenten, so dass ich diese unbedingt für die schwierigste Aufgabe des philologischen
Kritikers halte, welcher nur der gewachsen ist, der längere
Zeit vollständige Werke des Alterthums mit Erfolg behandelt hat. Dass sie ihre kritische Thätigkeit mit der
Recension von Fragmenten begonnen haben, ist bei
einzelnen Schülern Ritschl's von bedeutsamen, keineswegs
erfreulichen Folgen gewesen.

Ich gehe jetzt zu einer Exposition über, die zwar
auch auf manche Schüler Ritschl's Bezug nimmt, aber eine
ganz allgemeine, so zu sagen von Zeit und Raum abge-
löste Bedeutung hat.

Wie ein Römer vor Cicero sagte, er habe manchen
Beredten, aber keinen Redner gesehen, so kann man be-
haupten, dass jedes Zeitalter, welches die Studien der
formalen Philologie pflegt, ziemlich viele glückliche Con-
jectoren, aber sehr wenige Kritiker erzeugt. Woher
kommt dies? Aus dem einfachen Grunde, dass es un-
vergleichlich schwerer ist, ein literarisches Product, und
wäre es klein und geringfügig, in mustergiltiger Gestalt
herauszugeben, als für irgend einen beliebigen Text eine
Anzahl guter, selbst vorzüglicher Besserungen zu finden.
Wer dies vermag, hat eine kritische Ader, aber er ist
noch lange kein Kritiker. Nur wer einheitliche, künst-
lerisch abgerundete Leistungen auf dem Gebiete der
Kritik hinter sich hat, kann auf diesen Ehrentitel Anspruch machen. Solche aber sind nur dann vorhanden,
wenn wir das, mitunter vielleicht nur in Trümmern vorliegende, in allen Fällen entstellte Werk eines Autors mit
gleichmässiger Berücksichtigung aller hinsichtlich der ur-

sprünglichen Gestalt des Textes in Betracht kommenden Fragen erfolgreich reconstruiren.

Warum ist nun dies so viel schwerer als die Auffindung einiger Dutzend guter Besserungen für einen verderbten Text? Nicht blos durch den grösseren Umfang der Aufgabe, sondern weil zu ihrer glücklichen Vollendung vielfach Bedingungen erforderlich sind, die wir gar nicht immer in unserer Gewalt haben. Bekanntlich ist die Divination keineswegs blos etwas mechanisches; — denn wer alle Regeln der Kritik und Palaeographie inne hat, wird dadurch noch lange nicht in den Stand gesetzt, auch nur eine einzige gute Conjectur oder Combination zu machen. Es genügt aber für jene auch keineswegs scharfer, durchdringender Verstand. Nur wo diese, übrigens höchst schätzenswerthe, Eigenschaft, deren Aufgabe zunächst nur der erste Schritt zur Wahrheit, die Erkenntniss des Falschen, ist, mit einer, wo nicht producirenden, wenigstens reproducirenden Erfindungsgabe sich paart, feiert die divinatorische Kritik ihre wahren Triumphe. Denn es ist die Aufgabe des Kritikers, in die, wie immer gestaltete, geistige Natur des behandelten Autors, dessen Werk aber — und darin liegt eben die grösste Schwierigkeit — nie in reiner, sondern stets in mehr oder weniger getrübter Gestalt vorliegt, sich so zu vertiefen, dass zeitweilig sich sein ingenium mit dem seines Autors deckt. Dazu ist natürlich das erste Erforderniss, dass man das Werk, welchem man sich zugewendet, vollkommen kennt, womöglich im Gedächtniss hat, aber keineswegs das einzige. Die gründlichste Kenntniss dieses Werkes, wie der verwandten, ist doch nur die äusserliche Bedingung sine qua non für den Kritiker, es treten Anforderungen an ihn heran, die durch alle Gelehrsamkeit, als solche, nicht erfüllt werden können.

Man darf deshalb die Kritik beinah als die Fertigkeit bezeichnen, in der sich Poesie und Wissenschaft, zwei übrigens so verschiedene Phänomene des menschlichen Geistes, amalgamiren.

Nun aber steht die divinatorische Kritik auch dem am reichsten Begabten nicht immer in gleicher Weise zu Gebot. Sie ist, wenn ich mich so ausdrücken darf, ein zu ätherisches Wesen, als dass sie nicht von den Zufälligkeiten des Dunstkreises, in dem wir leben, afficirt werden sollte. Am glücklichsten geht sie von statten, wenn sie unabsichtlich kommt. Selbst der begabteste Kritiker wird meist wenig reussiren, wenn er an ein Werk mit der Absicht tritt, es durch Conjecturen zu verbessern. Es bedarf ferner zur glücklichen Reconstruction eines Schriftwerkes, d. h. um sich ganz in ein fremdes ingenium hineinzudenken, nicht blos der geeigneten Begabung, sondern ebenso sehr der geeigneten Stimmung, die nur dann zu entstehen pflegt, wenn zugleich Körper und Geist sich wohl befinden. Diese Stimmung aber kann sich Niemand geben; sie hängt von zu vielen Zufälligkeiten ab. Auch treten in der empfindsamen und reizbaren Natur des ächten Kritikers leichter Störungen ein als bei andern Sterblichen.

Nach dem Gesagten ergibt sich von selbst, weshalb einheitliche kritische Leistungen selbst der grössten Ingenien immer manches zu wünschen lassen. Auch wenn ihnen die zur Vollendung ihres Werkes nothwendige Zeit genügend zugemessen war (was, beiläufig gesagt, bei Bentley's Horaz und Terenz nicht der Fall war): die zu eben dem-

selben erforderliche Stimmung sich immer zu geben liegt
nicht in ihrer Macht. Bei zeitweiligem Erschlaffen der
Spannkraft begegnen ihnen gelegentlich sogar Versehen,
wie sie selbst einem Duodezkritiker kaum passiren. Be-
denkt man ausserdem, dass jeder Autor, auch der nüch-
ternste, correcteste und gleichmässigste Prosaiker, gelegentlich in sprachlicher, logischer und sachlicher Hinsicht unerwartete, ja unberechenbare Sprünge macht (da
der menschliche Geist kein Uhrwerk ist, das, wenn auf-
gezogen, ruhig bis zum Ende fortläuft), dass ferner schon
wegen der mangelhaften Ueberlieferung in jedem Schriftwerk des Alterthums stets eine Anzahl Stellen zurück-
bleiben werden, für die eine definitive Herstellung des
Originals nicht wohl möglich ist, weil die vorliegenden
Schäden entweder gar nicht oder auf verschiedene Weise
beseitigt werden können, so wird sich Niemand wundern,
dass selbst die vollendetsten Leistungen der divinatorischen
Kritik, z. B. der Bentley'sche Horaz oder der, wenn auch
erheblich niedriger stehende, Lachmann'sche Lucrez, vielen
Widerspruch zu erwecken im Stande sind. Jemehr man
jedoch solche Werke studirt, desto gründlicher wird man
sich überzeugen, dass es leicht ist, an ihnen zu tadeln,
aber meist schwer, sehr schwer, etwas besser zu machen.
Nur die Unreife oder die Eitelkeit wird sich deshalb
beeilen, wenn einmal, was selten genug geschieht, ein
Meisterwerk der divinatorischen Kritik erscheint, an einer
solchen Leistung den eigenen Scharfsinn zu documentiren.
Der echte Kritiker wird in seinem wie der Wissenschaft
Interesse es vorziehen, durch ein Lustrum oder noch länger
stillschweigend zu bewundern und zu geniessen.

Nur der Unverstand kann von einer kritischen Ausgabe verlangen, dass sie überall das Richtige gebe, d. h. mit dem Archetypus des bezüglichen Schriftwerkes durchweg congruire: sie ist vielmehr mustergültig, wenn sie nirgend etwas bietet, was nachweislich für den behandelten Autor aus sprachlichen, metrischen, logischen, ästhetischen oder stofflichen Gründen unmöglich ist. Und da auch dies bei der menschlichen Schwäche nicht vollkommen zu erreichen, so steht der Kritiker am höchsten, der am wenigsten gegen diese Anforderungen verstösst.

Wenn ich übrigens nach meinen eigenen Erfahrungen urtheilen darf, so ist am leichtesten die Kritik umfangreicher und zugleich ganz oder doch beinahe vollständig erhaltener Schriftwerke; schwerer die kleiner oder doch nur in zersplitterten, wenn auch umfänglichen Bruchtheilen vorliegender; am schwersten jene räumlich unbedeutender Fragmente, mögen sie auch noch so zahlreich sein.

Uebrigens scheint es, als ob die Neigung und der Eifer für blos kritische Ausgaben allmählig sich stark vermindere. Dass die Erwägung der eben dargestellten Schwierigkeiten den Grund zu dieser Erscheinung böte, ist freilich zu bezweifeln: eher darf man annehmen, dass man der in unserm Jahrhundert häufig mehr als billig vernachlässigten Exegese wieder grössere Aufmerksamkeit zuwendet.

Doch ich kehre zum Thema zurück!

Was die von mir früher aufgestellte Forderung betrifft, es solle der philologische Professor hauptsächlich seine Collegien dem Bedürfniss der künftigen Gymnasiallehrer anpassen, so hat Ritschl dieser, wie wir gesehen haben und auch Professor Pomjalowsky S. 59, 60 anerkennt, nicht entsprochen. Doch ist der Vorwurf unbegründet, dass er nur Gelehrte ausgebildet, nicht Lehrer für Gymnasien. Schon der Umstand, dass anerkannte Pädagogen Deutschlands mit Vorliebe Schüler Ritschl's zu Lehrern an ihren Gymnasien suchten, könnte jene Ansicht widerlegen. Aber auch der Theorie nach ist sie nicht begründet. Denn, wie Professor Pomjalowsky vortrefflich sagt, Ritschl zeigte bei seiner Erklärung der alten Autoren und seiner Beschäftigung mit den Seminaristen sich als einen solchen Meister in der Interpretation und Pädagogik, dass die künftigen Gymnasiallehrer sich eigentlich nur seine Kunst eigen zu machen hatten, um später in ihrem Amte die Autoren des Alterthums zweckdienlich und erfolgreich mit ihren Schülern behandeln zu können. Und dies ist doch die Hauptaufgabe des künftigen Lehrers der klassischen Sprachen auf Gymnasien. So ist es denn nicht zu verwundern, wenn unter Ritschl's Schülern neben einer Menge Universitätsprofessoren eine ansehnliche Anzahl tüchtiger Lehrer und Directoren von Gymnasien figurirt. Auch haben sich manche durch gediegene Schulbücher einen Namen gemacht.

Als ein schönes Denkmal der Pietät seiner Schüler, das ebenso seiner wissenschaftlichen und pädagogischen Bedeutung als seiner Persönlichkeit galt, erwähne ich schliesslich hier die umfangreiche „symbola philologorum Bonnensium", eine Sammlung philologischer Arbeiten verschiedensten Stoffes, die zur Feier seiner 25jährigen Lehrthätigkeit in Bonn 1864 begonnen und 1867 zum Abschluss gebracht worden ist.

Es lässt sich nicht verkennen, dass der blühendste Theil von Ritschl's pädagogischem Wirken in die Zeit seiner Bonner Professur fällt, dass dasjenige, was die

Philologen bald lobend, bald tadelnd als „Schule Ritschl's"
bezeichneten, sich am eigenartigsten und schärfsten bei
den Schülern der Bonner Periode ausprägte. In Leipzig
floss der Strom seiner Schüler zeitweilig noch breiter,
aber auch flacher, ausserdem nicht selten getrübt durch
fremdartige Einflüsse.

Aus der Bonner Zeit stammt auch, um dies beiläufig
zu sagen, sein Verdienst um Heranbildung tüchtiger,
mit Sachkenntniss und Liebe zum Beruf erfüllter Bibliothekare, wozu ihm seine Stellung als Vorsteher der Bonner
Universitätsbibliothek Anlass gab. Seitdem hat sich,
hauptsächlich durch die unablässigen Bemühungen eines
seiner gediegensten Schüler, immer mehr in Deutschland
die Ueberzeugung Bahn gebrochen, dass die Kenntniss
des bibliothekarischen Berufes nicht möglich sei ohne genaues Studium der Bibliographie und der zahllosen praktischen Handgriffe, welche die Verwaltung und Verwerthung
so umfangreicher und wichtiger Institute, wie die Univer-
sitäts-Bibliotheken sind, erfordert, mit anderen Worten,
dass nur solche zu Bibliothekaren geeignet sind, die sich
speciell zu diesem Amte vorbereitet haben, dass ferner
die oberste Leitung jener Anstalten immer eine ganze
Kraft erfordert, sie also nicht als Appendix anderer
Aemter oder gar als Sinecure vergeben werden darf.
Entsprechend dieser richtigern Erkenntniss hat man dann
auch die Besoldung und die ganze äussere Stellung der
Bibliothekare erheblich verbessert, da früher die meisten
dieser Herren bei sehr knappem Gehalt und theilweise
ziemlich wunderlichen Titulaturen ein precäres Dasein
fristeten.

Am Schluss dieser Schrift gedenke ich noch der

näheren Beziehungen, in die Ritschl während der letzten
Jahre seines Lebens zu Russland trat.

Im Jahre 1873 fasste das K. Ministerium der Volksaufklärung, zur thunlichsten Beseitigung des Mangels an
Lehrern der klassischen Sprachen in Russland (zu welchem
Zwecke bekanntlich seit 10 Jahren das historisch-philolo-
gische Institut in Petersburg und seit 2 Jahren das in
Nesjhin wirken) den Plan, in Leipzig ein Seminar zu er-
richten, in welchem sich Studirende, besonders slavischer
Nationalität, zu russischen Gymnasiallehrern ausbilden
könnten. Zu diesem Zwecke trat der wirkliche Staats-
rath Hr. A. I. Georgiewsky mit Ritschl während des
Sommers in Verbindung und entsprechend den mit diesem
Herrn getroffenen Verabredungen entwarf Ritschl ein
Programm der Bestimmungen, welche für Aufnahme in das
Seminar und für die pädagogische Praxis desselben gelten
sollten. Da ich damals grade durch Leipzig kam, erwies
mir Ritschl das Vertrauen, meine Ansicht über den Inhalt des Programms zu erfragen, und ich fand dasselbe
mit Ausnahme einiger Kleinigkeiten so vortrefflich, wie
man es nur wünschen konnte. Besonders verdiente alle
Anerkennung, dass Ritschl, der, wie wir gesehen haben,
sonst mehr die Bildung von Gelehrten als von Lehrern
ins Auge fasste, hier ganz und gar seine Aufmerksamkeit
auf die praktischen Interessen des Gymnasialunterrichtes
concentrirte. Ich hatte mehrfach Gelegenheit, Herrn
Georgiewsky zu sagen, dass, wenn man ein solches
Seminar im Auslande gründen wollte, Ritschl entschieden
die geeignetste Persönlichkeit zur Leitung desselben sei.

Im Herbst 1873 ward das Institut eröffnet. Ritschl
behielt die Oberleitung des Ganzen und einen Theil der

Lectionen, während er für die übrigen jüngere Lehrkräfte heranzog. Zu Ostern des Jahres 1876 wurden die ersten Studenten mit dem Zeugniss der Reife zur Ausübung des Lehrberufs innerhalb der alten Sprachen nach Russland entlassen. Leider verminderte die Krankheit, die seit dem Winter des Jahres 1875 Ritschl befiel, seine Thätigkeit am Seminar, wie sie ihn auch bei seinen übrigen Vorlesungen behinderte, und nur zu bald endete sein Tod diese neue Wirksamkeit für immer.

Ferner hat seit dem Jahre 1873 das historisch-philologische Institut alljährlich junge Männer nach Deutschland geschickt, um sich auf der Leipziger Universität, hauptsächlich unter der Leitung von Ritschl und Curtius, in den philologischen Disciplinen weiter zu üben und zu bereichern, und sich so zur Uebernahme einer philologischen Professur in der Heimath vorzubereiten.

Ritschl wandte ihnen, wie überhaupt den klassischen Studien in Russland, stets lebhaftes Interesse zu, empfing sie freundlich und unterstützte sie mit seinem Rath, wo immer sie denselben nachsuchten.

Ich bin am Ende meiner Darstellung angelangt. Panegyriken zu schreiben ist nicht meine Art: auch erweist man Todten einen schlechten Dienst, wenn man anders über sie als mit strengster Wahrhaftigkeit berichtet. Schon wahres Lob findet oft ungläubige Zuhörer, weil, wie Sallust vortrefflich bemerkt, ein jeder von fremden Leistungen am liebsten den Theil glaubt, dessen er auch seine Persönlichkeit fähig hält. Und diese Persönlichkeit ist in der Fälle Mehrzahl weder sehr geistreich noch sehr bedeutend. Ist das Lob nun aber hyperbolisch, sei es aus Mangel an Kritik, sei es aus persönlichem Interesse, so tritt die Reaction nur desto schneller und bitterer ein. Der bekannte Spruch „de mortuis nil nisi bene" findet also höchstens Anwendung, wo es sich um unbedeutende und gleichgültige Persönlichkeiten handelt. Glücklicherweise bedarf es keines Panegyrikus, um Ritschl dem liebevollen Andenken aller derer zu empfehlen, welche das Studium des klassischen Alterthums hochschätzen, sowohl als Vermächtniss früherer Jahrhunderte, wie als bestes Mittel, die Keime des Guten und Schönen in den Gemüthern der Jugend zu erwecken, dieser das Wesen und nicht den Schein wahrer Bildung zu bringen.

So lange es noch solche Männer gibt (und wir hoffen, sie werden nie ganz aufhören), wird auch Ritschl im Gedächtnisse fortleben, zugleich als ein ausgezeichneter Gelehrter und als einer der ersten Lehrer des 19. Jahrhunderts.

Druck von Issleib & Rietzschel in Gera.

www.ingramcontent.com/pod-product-compliance
Lightning Source LLC
Chambersburg PA
CBHW060412190526
45169CB00002B/862